Martin Kluger

Der Lech

Landschaft. Natur. Geschichte.
Wirtschaft. Wasserkraft. Welterbe.

Der Fluss und das Lechmuseum Bayern

Hrsg. Lechwerke AG (LEW)

context verlag
Augsburg | Nürnberg
www.context-mv.de

Natur am Lech

Landschaften, Fauna und Flora ·················· 6

Geschichte am Lech

Siedlungen, Städte, Schlachten ··············· 44

Wasserkraft am Lech
Der Anfang waren die Lechwerke · · · · · · · · · · · · · · 122

LEW und LEW Wasserkraft
Energie für die Region · 158

Lechmuseum Bayern

Ein einzigartiges Flussmuseum · · · · · · · · · · · · · · · **184**

Teil einer Welterbe-Stätte

Drei historische Wasserkraftwerke · · · · · · · · · · **212**

Landschaften, Fauna und Flora

*Erst ab dem Zusammenfluss von Formarin-
bach und Spullerbach (auf 1610 Metern Höhe)
gibt man in Vorarlberg dem jungen Fluss
den Namen Lech.*

Vom Lechquellengebirge bis zur Mündung

Der Lech hat keine eindeutige Quelle: Er entspringt auf einer
Höhe von rund 1880 Metern zahllosen kleinen und kleinsten
Bächen des Lechquellengebirges in Vorarlberg. Dort ver-
wendet man erst ab dem Zusammenfluss des Formarinbachs
mit dem Spullerbach auf einer Höhe von 1610 Metern den
Namen Lech. Dieser Fluss entwässert ein Einzugsgebiet von
circa 4000 Quadratkilometern – mit 2644 Höhenmetern Gefälle von den Vorarlberger Gipfeln bis zur Donau: Der höchste
Punkt ist die Parseierspitze (3036 Meter), der niedrigste Punkt
die Mündung in die Donau bei Marxheim (392 Meter).

Zwischen Quellgebiet und Mündung überwindet der Fluss
rund 1500 Höhenmeter. Wie lang der Lech ist, ist nicht völlig
geklärt. Frühere Messungen schwankten zwischen 248 und
285 Kilometern. Das lag daran, dass der Gebirgsfluss vor den

Korrektionsmaßnahmen bei Hochwassern seine Ufer um Kilometer verschob – was ihm jetzt nur noch eine kurze Wildflussstrecke in Tirol erlaubt. Heute wird die Länge des Flusslaufs mit circa 260 Kilometern angegeben.

Der Lech durchfließt auf ungefähr einem Drittel seiner Länge Vorarlberg und Tirol. Dieser Flussabschnitt heißt „Oberer Lech", wobei der Fluss bis Warth auch als „Oberster Lech" oder „Vorarlberger Lech" bezeichnet wird.

Zu zwei Dritteln fließt der Lech durch Bayern: „Unterer Lech" nannte man früher den gesamten Abschnitt bis zur Donau, seit den 1930er Jahren ist der Begriff „Mittlerer Lech" für den Fluss zwischen Füssen und Hohenfurch üblich. Parallel spricht man vom „Alpinen Lech" (Oberer Lech), vom „Moränenlech" (Mittlerer Lech), vom „Terrassenlech" (Unterer Lech bis kurz nach Landsberg) und vom „Alluvionslech" (der restliche Weg bis zur Mündung). Die Höhendifferenz zwischen Füssen und der Mündung in die Donau beträgt mehr als 400 Meter.

Der Fluss im Unteren Lechtal – der Blick über die Dorfkirche von Kinsau auf das gegenüberliegende Lechufer bei Reichling, das man auch den „Balkon Oberbayerns" nennt.

Der Formarinsee in den Lechtaler Alpen galt
lange Zeit als der Quellsee des Lechs.

Der Lech ist nach Inn und Isar drittlängster Nebenfluss der
Donau in Bayern. Für den Wasserreichtum des Lechs sorgen
57 Zuflüsse erster Ordnung – 29 in Österreich, 28 in Bayern.
Die österreichischen Zuflüsse bringen mehr Wasser als die
bayerischen. Der wasserreichste Lechzufluss ist – kurz vor
der österreichisch-bayerischen Grenze – die Vils. Als längster
Zufluss mündet die Wertach am nördlichen Stadtrand von
Augsburg nach rund 150 Flusskilometern in den Lech.

Nach rund 260 Flusskilometern mündet der
Lech bei Marxheim in die Donau.

Der Lech durchfließt auf seiner Reise auf

ungefähr 90 Kilometern Vorarlberg und Tirol.

Im bayerischen Regierungsbezirk Schwaben

ist er mehr als 160 Kilometer lang.

Auf einem kurzen Teilstück bei Forchach ist der Lech noch den Kräften der Natur über- lassen. Hochwasser verlagern hier den Fluss- lauf, bilden Flussarme und Altwasser. Wo der Lech die Geröllmassen verschiebt, entstehen und verschwinden Kiesbänke.

Der letzte Wilde der nördlichen Alpen

Durch den Ausbau der Kraftwerkstreppe ab Roßhaupten wurde der Lech nach 1940 zum Hybridgewässer – teils noch Fluss, wegen der Staustufenkette aber meist ein See. Trotz solcher Einschränkungen ist das Lechtal bis heute einer der ökologisch wertvollsten Naturräume Europas geblieben. Wie der Lech vor den Flusskorrektionen und dem späteren Ausbau der Staustufen ausgesehen hat, lässt der international be- deutende Abschnitt der Wildflusslandschaft im „Naturpark Tiroler Lech" bei Forchach erahnen. In Mitteleuropa ist er das letzte Relikt einer Wildflusslandschaft mit nahezu natürlichem Wasser- und Geschiebehaushalt. Den österreichischen Teil des Lechs nennt man deshalb auch den „letzten Wilden der nördlichen Alpen".

Die Litzauer Schleife bei Burggen nahe Schongau lässt noch die einstige Wildheit des Lechs in der Moränenlandschaft des nördlichen Voralpenlands erkennen. Als Teil eines Naturschutzgebiets ist die Lechschleife vom Flussausbau ausgenommen. Doch weil mittlerweile das natürliche Geschiebe fehlt, macht sich auch dort auf den Kiesbänken Baum- und Strauchbewuchs breit.

Am Unteren Lech wurden von 1852 bis 1900 erste konsequente Flussbaumaßnahmen durchgeführt. Nach dem Jahrhunderthochwasser von 1910 wurden die Bemühungen verstärkt und die einst größte Wildflussstrecke außerhalb der Alpen im heutigen Naturschutzgebiet „Stadtwald Augsburg" von 1925 bis 1928 begradigt. Dennoch blieb im Stadtgebiet von Augsburg eine der wenigen naturnahen Fließstrecken in Bayern erhalten: Dort finden sich zwischen Königsbrunn und dem Hochablass letzte Kiesbänke.

Südlich von Augsburg begann die Regulierung des Lechs bei Kaufering 1863. Die letzte Wildflussstrecke am Mittleren Lech wurde 1986 als Naturschutzgebiet „Lechabschnitt Hirschauer Steilhalde – Litzauer Schleife" ausgewiesen. Die letzte bayerische Umlagerungsstrecke mit einer natürlichen Überschwemmungs- und Geschiebedynamik – nur ein knapper Kilometer nach der Staatsgrenze – reicht bis zur Füssener Lechschlucht.

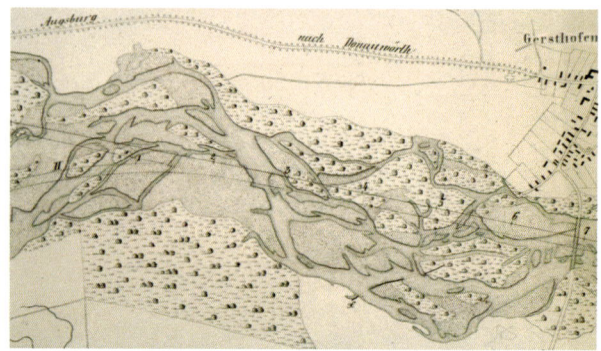

Vielarmig und mit immer wieder verändertem
Flusslauf zeigte sich der Lech zwischen Augsburg und Gersthofen im 19. Jahrhundert. Die
Korrektion zwängte den Fluss in ein enges Bett,
die sich ergebende höhere Fließgeschwindigkeit beschleunigte die Eintiefung des Lechs
und die Absenkung des Grundwassers.

Kiesbänke im Tiroler Lech zeigen eine Flusslandschaft, die in dieser Form einst bis zur
Donau reichte. Die Deutsche Tamariske, ein
Spezialist für die Besiedlung von Ruderal-
flächen, war bis nach 1900 im Mündungsbereich der Donau noch weit verbreitet. Diese
Art ist am bayerischen Lech heute nahezu
ausgestorben.

Im 19. Jahrhundert sah man die Flussregulierungen des Lechs ausschließlich positiv, „...welche die Flüsse wohltätig für ihre Anwohner leitet, die Hochgewässer in feste Bahnen hält..., Moräste und Seen in fruchtbares Land verwandelt, und öde Sandfelder und sterile Heyden in lachende Gefilde umschafft".

Der Kampf ums tägliche Brot – im 19. Jahrhundert berechtigt – spielt heute kaum noch eine Rolle. Durch Dämme wurden Verbesserungen beim Hochwasserschutz erzielt, doch sorgt die höhere Fließgeschwindigkeit flussabwärts für steigende Hochwassergefahr. Und längst erkennt man im Problem der Absenkung des Grundwasserspiegels die Nachteile für den Artenreichtum.

Ein Auslöser für die Flussverbauungen des 19. und 20. Jahrhunderts war die berechtigte Sorge vor den Hochwassermassen des Lechs. Bis zum 50-Fachen kann sich die Durchflussmenge des Lechs zwischen Niedrigwasser und einem Jahrhunderthochwasser erhöhen. Wenn Schneeschmelze und sommerlicher Starkregen zusammenfielen, überschwemmte er früher weite Teile des Lechtals. 1910 flüchteten sich Passanten in der Augsburger Jakobervorstadt vor dem Wasser auf provisorische Holzstege.

*Im Mittleren Lechtal hat der Fluss
steile Abbrüche aus dem Ufer gefräst.*

Steile Uferhalden und Umflussinseln:
wie der Lech die Landschaft formte

In der Moränenlandschaft am Mittleren Lech und entlang
des südlichsten Abschnitts des Unteren Lechs hat der Fluss
markante Landschaftssituationen gestaltet. Nicht nur an
der Litzauer Schleife, sondern auch bei Peiting, bei Epfach,
Mundraching und Landsberg hat der Lech steile Abbrüche –
sogenannte Halden – aus dem Hochufer gefräst. Sie liegen
jeweils an der Ostseite des Flusses.

Ein weiteres geologisches Phänomen sind die Inselberge,
bei denen der Lech erhobene Plateaus formte, die von den
Menschen bevorzugt zur Ansiedlung genutzt wurden: Sie
fühlten sich auf solchen Anhöhen geschützt. Auf einem
Inselberg hoch über einem längst verlandeten Altarm des
Flusses entwickelte sich beispielsweise die Altstadt von
Schongau. Und auch die Lorenzkirche in Epfach steht auf
einem Inselberg: Der Lech umströmte diese Anhöhe einst
westlich statt wie heute östlich.

Aus dem Mittelmeerraum sind vier äußerst seltene Ragwurzarten an den Lech gewandert. Die Hummel-Ragwurz (im Bild) ist eine dieser exotisch anmutenden Pflanzen. Erst im Jahr 1964 wurde die Bienen-Ragwurz neu entdeckt.

Orchideen, Eiszeitrelikte und Einwanderer

Unter den Alpenflüssen Mitteleuropas nimmt der Lech wegen seines Artenreichtums vom Hochgebirge bis zur Mündung eine Sonderstellung ein. Zwar gingen die hoch spezialisierte Fauna und Flora der nur selten bis mehrfach im Jahr überschwemmten Lebensräume und Extrembiotope am Lech in Bayern – anders als am Tiroler Lech – als Folge der Flussbaumaßnahmen im 19. und 20. Jahrhundert weitgehend verloren. Die Flusslandschaften außerhalb der Überschwemmungsbereiche, die äußerst artenreichen Magerrasen und die erhaltenen Auenbereiche – Trockenwälder südlich und Feuchtwälder nördlich von Augsburg – weisen jedoch immer noch eine deutschlandweit einmalige Artenvielfalt auf. Allerdings sind es lediglich bescheidene Restflächen, die seltenen Pflanzen Rückzugsräume bieten.

*Das europaweit größte Vorkommen der
Sumpfgladiole ist in den Lechheiden südlich
von Augsburg zu finden. Sie blüht aber auch
an der Litzauer Schleife oder auf manchen
Streuwiesen am Mittleren Lech.*

So sind die Lechheiden auf dem Lechfeld zwischen Landsberg und Augsburg als einer der artenreichsten und besonders gut erforschten Lebensräume Europas unter Botanikern
weltweit berühmt. Entstanden sind diese Lechheiden durch
Überschwemmungen und damit verbundene Schotterablage-
rungen. Manche Flächen hat der Mensch durch Abholzung
und Beweidung baumfrei gehalten.

Allerdings sind die Lechheiden auf kritische Flächengrößen
und auf weniger als ein Prozent der Gesamtfläche in der Zeit
um das Jahr 1900 geschrumpft. Die Lechheiden – die wohl
bekannteste ist die Königsbrunner Heide – sind auch deshalb
so außergewöhnlich artenreich, weil in den dortigen Trockenrasen sowohl feuchte als auch wechselfeuchte Flächen ein-
gebettet sind.

Auf diese Lechheiden sind zahlreiche Pflanzenarten über
die Florenbrücke Lechtal eingewandert: Alpengewächse

*In wechselfeuchten Lagen am Mittleren Lech
gedeiht der seltene Rundblättrige Sonnentau.*

Buntes Nebeneinander am Mittleren Lech: ein Mosaik aus Trockenrasen und Moor

Am Mittleren Lech findet man das Naturdenkmal Heidewiese bei Schongau. Es ist ein gutes Beispiel für die kiesigen und damit wasserdurchlässigen Lechterrassen, die einst bevorzugt als Weideflächen genutzt wurden. Nur einzelne Bäume wurden nicht verbissen, weshalb eine offene und parkähnliche Landschaft entstand. Das mosaikartige Nebeneinander von Hangquellmooren und Trockenrasen auf engstem Raum lässt sich hier gut beobachten.

Auf den mal wechselfeuchten, mal wechseltrockenen Standorten mit jeweils fließenden Übergängen gedeihen so unterschiedliche Pflanzen wie der fleischfressende, insektenfangende Rundblättrige Sonnentau – eine Rarität des Hochmoors – und das trockenheitsliebende Sonnenröschen. Auch Schmetterlinge nutzen die Vielfalt der Lebensräume: Direkt neben Hochmoorgelblingen flattern Himmelblaue Bläulinge, die auf Trockenstandorte angewiesen sind.

Blühende Schneeheide: In der natürlichen Wildflusszone des Lechs bildeten die Schnee- heide-Kiefernwälder das Endstadium der Suk- zession auf den nicht mehr überschwemmten Schotterterrassen.

Orchideen wie das Helm-Knabenkraut (im Bild), das Brand-Knabenkraut, die Mücken-Händel- wurz oder die Sumpf-Stendelwurz haben in den Lechheiden stabile Bestände entwickelt. Teilweise wächst sogar ihre Verbreitung.

Eine der Orchideenarten in den Lechleiten und Auwäldern entlang des Lechs ist der Gelbe Frauenschuh.

(dealpine Arten) sowie Pflanzen aus den Steppen im Osten (kontinentale Arten) und Pflanzen aus dem Mittelmeerraum (submediterrane Arten). Darunter sind Eiszeitrelikte – also solche Pflanzen, die schon seit der letzten Eiszeit vorkommen. 28 Orchideenarten wachsen auf den Lechheiden, darunter auch vier seltene Ragwurzarten – die Fliegen-Ragwurz und die Hummel-Ragwurz, die Bienen-Ragwurz sowie die Große Spinnen-Ragwurz.

Botanische Raritäten wie die Sumpfgladiole, die Türkenbund-lilie, das Brand-Knabenkraut sowie mehrere Enzianarten konn-ten ihr Vorkommen zum Teil sogar ausweiten. Der Bestand anderer Enzianarten ist dagegen akut bedroht. Weltweit nur auf dem Lechfeld blüht das Augsburger Steppengreiskraut, von dem vor Jahren lediglich noch fünf Exemplare gefunden worden waren. Der Bestand dieser Pflanze hat sich seither jedoch merklich vermehrt.

Wie der Lech als Florenbrücke funktioniert, deuten zwei Verbreitungskarten des Klebrigen Leins (linke Seite) und des Weidenblättrigen Ochsenauges an.

Zwischen den Alpen und dem Donautal: die Florenbrücke in den Lechauen

Nach der letzten Eiszeit sind viele Pflanzen aus den Alpen (dealpine Arten), von Süden her über die Berge (submediterrane Arten) oder von Osten aus den dortigen Steppen (kontinentale Arten) in das Lechtal eingewandert. Diesen und anderen Pflanzen dient das Lechtal als Florenbrücke zwischen den Alpen und der Schwäbischen Alb sowie dem Fränkischen Jura am Nordufer der Donau. Manche Pflanzen

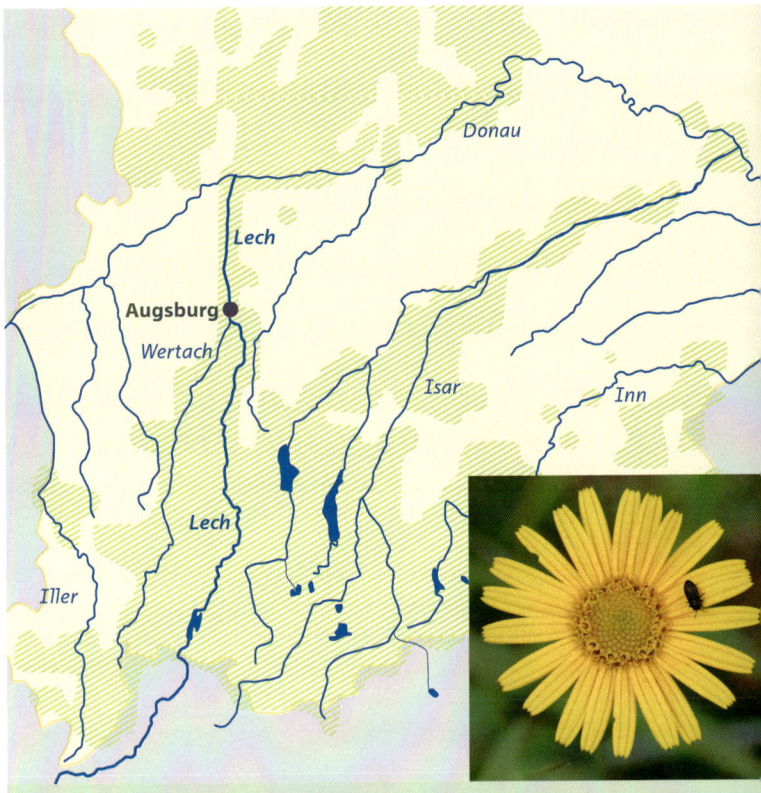

Die Karten auf diesen beiden Seiten basieren auf dem „Verbreitungsatlas der Farn- und Blütenpflanzen Bayerns" von Peter Schönfelder und Andreas Bresinsky.

werden vom Wasser verschleppt: Auf Kiesbänken in Tirol findet man beispielsweise Schwemmlinge des Edelweiß. Dealpine Arten wie das Alpen-Leinkraut und das Kriechende Gipskraut überwuchern frisches Geröll. Die Deutsche Tamariske besiedelte früher die Kiesbänke bis zur Lechmündung.

Solche Pflanzenwanderungen finden zum Teil auch flussaufwärts statt. Verbreitungskarten wie die des Klebrigen Leins und des Weidenblättrigen Ochsenauges belegen anschaulich die Rolle der Florenbrücke Lechtal.

Die Große Höckerschrecke, die in Bayern
zuletzt nur noch auf der Schießplatzheide
südlich von Augsburg vorkam, gilt als vom
Aussterben bedroht.

Welt der Insekten:
Falter, Libellen, Heuschrecken

Die Vielfalt unterschiedlichster Biotope auf engem Raum
sorgt im Lechtal für den außergewöhnlichen Artenreichtum
der Insekten. Doch auch hier hat die Flussverbauung den
starken Rückgang vor allem bei Insekten der Extrembiotope –
wie sie zum Beispiel auf Kiesbänken vorkommen – und bei
den Arten verursacht, die auf besonders spezielle Standort-
bedingungen angewiesen sind.

Mit 31 Heuschreckenarten nördlich und mit 44 südlich von
Augsburg zählte das Lechtal zuletzt allerdings immer noch
zu den artenreichsten Flusstälern Europas. Die Heuschreckenarten des Lechtals sind stark an die Flussauen – vor allem an
die Lechheiden – gebunden. Durch den Verlust der zum Teil
komplex strukturierten Umweltbedingungen ist ein Großteil
dieser Insekten im Bestand gefährdet.

Den Idas-Bläuling findet man an kiesigen, sonnenbeschienenen Trockenstandorten der Lechauen. Nördlich von Augsburg wird dieser Bläuling – die einzige echte Wildflussart unter den Tagfaltern am Lech – als stark gefährdet eingestuft.

Der typische und sicherlich bekannteste Schmetterling im bayerischen Lechtal ist der Schwalbenschwanz. Er kommt dort noch häufig vor und lebt auf Heiden, Streuwiesen, Dämmen und Brachland.

*Eine weit verbreitete Vertreterin der Libellen-
arten im Lechtal ist die Gebänderte Pracht-
libelle. Sie fliegt am Mittleren Lech ebenso
wie am Unteren Lech und kommt auch am
Lechkanal nördlich von Gersthofen vor.*

Das Lechtal ist auch für seine Artenvielfalt bei den Laufkäfern
bekannt. Ihr Vorkommen ist nach dem der Amphibien und
Libellen am stärksten an Auenbiotope gebunden. Am Nördlichen Lech wurden von den zuvor 144 bekannten Laufkäfer-
arten im Jahr 1985 noch 97 festgestellt.

Bei den Libellen sind im Lechtal 43 Arten nachgewiesen,
zuletzt konnten 36 Arten wiedergefunden werden. Die Auwälder im Nördlichen Lechtal haben an diesem Aufkommen
einen wesentlichen Anteil.

Die Vielfalt der Falter im Lechtal hat dazu geführt, dass in
Augsburg früher als wohl in jeder anderen Stadt – erstmals
1782 – Schmetterlingsforschung betrieben wurde. Ein erster
wissenschaftlich fundierter Beitrag für einen Jahresbericht
des „Naturwissenschaftlichen Vereins für Schwaben" im
Jahr 1860 listete 1091 „Falter um Augsburg" auf. Auf relativ
engem Raum leben sie hier mit den unterschiedlichsten

Das Weißbindige Wiesenvögelchen kommt auf Waldlichtungen, an Waldrändern und an Hecken vor. Sein Bestand gilt auch am Nördlichen Lech als gesichert.

Ansprüchen an ihre Umwelt. Ein typischer – und wohl auch der bekannteste – Tagfalter der Magerwiesen und Heiden im Unteren wie im Mittleren Lechtal ist der Schwalbenschwanz.

Die Heiden im Naturschutzgebiet „Stadtwald Augsburg" sind einer der wertvollsten Lebensräume für Schmetterlinge: Andernorts seltene oder verschollene Arten wie der Himmelblaue Bläuling kommen hier regelmäßig vor. In den 1980er Jahren wurden südlich von Augsburg insgesamt 62 Tagfalterarten nachgewiesen, fast genauso viele – nämlich 61 Arten – nördlich der Großstadt. Darunter befanden sich 29 Arten, die auf der Roten Liste gefährdeter Arten stehen.

Weit weniger bekannt – allerdings weitaus artenreicher – sind die Populationen von mehr als 500 unterschiedlichen Arten von Nachtfaltern. Im Lechtal existieren darüber hinaus auch vergleichbar viele Arten von Kleinschmetterlingen – Zünzler, Wickler und Motten.

*Mehrere feuchte Auwälder am Lech nördlich
von Augsburg wurden zu Naturschutzgebieten.*

Vom Bannwaldsee bis zur Vogelfreistätte: Naturschutzgebiete im bayerischen Lechtal

In den Regierungsbezirken Schwaben und Oberbayern
wurden im Lechtal neun Naturschutzgebiete ausgewiesen.
Das südlichste ist der Bannwaldsee in der Füssener Bucht.
Südlich von Augsburg bestehen unter anderem die Naturschutzgebiete „Hirschauer Steilhalde – Litzauer Schleife"
bei Burggen und „Lechauwald bei Unterbergen". Der Stadtwald Augsburg ist das größte südbayerische Naturschutzgebiet außerhalb der Alpen.

Als wertvoller Trockenstandort am nordöstlichen Stadtrand
von Augsburg wurde die Firnhaberauheide unter Schutz
gestellt. Wichtige Naturräume im Stadtgebiet sind auch die
Dürrenast- und die Schießplatzheide, und östlich des Lechs
das Naturschutzgebiet „Kissinger Heide". Die Auwälder der
Naturschutzgebiete „Lechauen westlich Todtenweis", „Lechauen bei Thierhaupten" und „Vogelfreistätte Feldheimer
Stausee" liegen nördlich von Augsburg nahe der Mündung.

Im Lechtal bei Rehling blüht das größte
Taglilienfeld Mitteleuropas.

Das größte Taglilienfeld Mitteleuropas blüht am Lechauwald nahe Langweid

An der Straße von Langweid nach Rehling liegt der kleine Rehlinger Ortsteil St. Stephan. Nur wenige hundert Meter von den letzten Häusern entfernt stößt man auf das größte Taglilienfeld Mitteleuropas. Auf einer Fläche von ungefähr 50 auf 60 Metern blühen im Juni tausende gelber Taglilien (Hemerocallis lilioasphodelus). Dieses botanische Kuriosum am Rand des Lechauwalds ist womöglich im Lauf einiger hundert Jahre entstanden – dies wird jedenfalls wegen der enormen Ausdehnung dieses Taglilienfelds angenommen.

Da die Taglilie nicht in Mitteleuropa heimisch ist, sondern wildlebend (aber nur als Neophyt) im Mittelmeerraum oder in Südosteuropa vorkommt, kann die Entstehung des Taglilienfelds nicht schlüssig erklärt werden. Man glaubt, dass die Urahnen der Taglilien von St. Stephan – die sich hier vorwiegend vegetativ, also über Wurzelbildung vermehren – wohl aus einem mittelalterlichen Klostergarten stammten.

Ein Sympathieträger für den Arten- und Naturschutz ist der Laubfrosch. Doch obwohl Laubfrösche neu geschaffene Laichgewässer – flache, von der Sonne stark beschienene Tümpel – schnell besiedeln, ist auch diese Spezies im Lechtal selten geworden.

Fische, Amphibien und Reptilien

An beiden Lechufern und „...bis eine viertel stunde unterhalb Langweid..." galten die Fischereirechte des Augsburger Fischereihandwerks. Für die Berufsfischerei waren die Nasen, Huchen, Barben und Äschen die „Brotfische": Sie wanderten während der Laichzeit in Massen von der Donau lechaufwärts bis in die Augsburger Seitenbäche und Lechkanäle hinein und wurden dort oft zentnerweise und mitunter sogar mit der Hand gefangen. Bei Schongau und Füssen war der Lech dagegen wegen des kalten und kalkhaltigen Wassers für die Fischerei wenig ertragreich.

Der einstige Fischreichtum bei Augsburg hat allerdings abgenommen: Technische Querverbauungen und große Staubereiche behindern die Laichwanderungen. Von der Nase, der Äsche und der Barbe sind aber noch Restpopulationen zu finden. Der bis zu über einen Meter lange, bis zu 50 Pfund schwere Huchen wird durch Besatz erhalten. Weitere Besatz-fische (Hecht, Aal und Karpfen, aber auch Zander und Waller) machen den Lech für die Angelfischerei attraktiv.

Entlang des Lechs leben alle sechs Arten der in Schwaben vorkommenden Reptilien. Für die Schlangen erfüllen süd-bayerische Alpenflüsse wie der Lech die Brückenfunktion zwischen dem Voralpenraum und der Donau beziehungs-weise der Schwäbischen und der Fränkischen Alb. Nur das Lechtal verbindet zum Beispiel Vorkommen der Schlingnatter in den Alpen mit denen im Donautal: Im Augsburger Stadt-wald findet man ihre bayernweit größte Population. Auch von der Ringelnatter gibt es am Lech noch größere Vorkommen.

Auf die Kreuzotter – in Bayern die einzige giftige Schlange – stößt man im Lechtal nur noch selten. Sie kommt unter ande-rem am Lechkanal bei Gersthofen vor. Zauneidechse, Blind-

Die Nase war einst ein „Brotfisch" der Berufs-fischerei am Lech. Trotz einiger größerer Populationen gilt sie im Lech mittlerweile als gefährdete Art.

Nur noch an wenigen Standorten am Lech kommt die giftige, offiziell seit 1936 unter Schutz gestellte Kreuzotter vor. Unter anderem lebt sie wohl am Augsburger Müllberg.

Im Mündungsgebiet des Lechs findet man die Gelbbauchunke. Sie ist im Lechtal äußerst selten geworden, obwohl sie fast vegetationsfreie, besonnte Laichgewässer ebenso besiedelt wie dicht bewachsene Wasserflächen.

Früher kam die Wechselkröte in den voll besonnten und nahezu vegetationsfreien Flachgewässern der Lechauen häufig vor. Heute ist diese Amphibienart im Lechtal nördlich von Augsburg vermutlich ausgestorben.

schleiche und die nur vereinzelt vorkommende Waldeidechse (auch: Bergeidechse) finden sonnenbeschienene Habitate in den Lechheiden, an Lechdämmen und in Kiesgruben.

Die Auen entlang des Lechs bieten den Amphibien letzte fast intakte Vernetzungsstrukturen – Lebensräume, die anderswo wesentlich stärker von Straßen und Baugebieten zerschnitten werden. Deshalb kommen im Lechtal vermutlich noch elf der in Bayern existierenden Amphibien vor, darunter Frösche (Laubfrosch, Grasfrosch, Teichfrosch und Seefrosch) ebenso wie Molche (der Teichmolch, der seltene Bergmolch und wohl auch der Kammmolch).

Neben der Erdkröte und der Kreuzkröte überleben im Lechtal auch extrem gefährdete Arten wie die Wechselkröte (Letztere gilt nördlich von Augsburg mittlerweile als ausgestorben) und die Gelbbauchunke. Schon vor längerer Zeit ausgestorben ist die Knoblauchkröte.

*Auf den Kiesbänken im Lech zwischen Gerst-
hofen und Meitingen brütet der Flussregenpfeifer dichter als an irgendeinem anderen
Fluss in Mitteleuropa. Kiesflächen entstehen
hier durch die verringerte Wassermenge des
Lechs: Der Lechkanal verläuft in diesem Flussabschnitt parallel zum Lechmutterbett.*

Staustufen und Brutinseln: Refugien für Wasservögel

Durch die Flussbegradigung und die dadurch ermöglichte
Ausweitung landwirtschaftlich genutzter Fläche wurde der
Lebensraum für Brutvögel am Lech stark reduziert. Heiden
und Magerrasenflächen, uferbegleitende Auwälder und
Kiesbänke gingen verloren. In der Folge starben am Unteren
Lech bis zur Mitte des 20. Jahrhunderts etliche Arten – die
Seeschwalbe, der Große Brachvogel, die Sumpfohreule und
sogar das früher massenhaft vorkommende Birkhuhn – aus.

Durch den Bau der Staustufen zwischen Landsberg und
Merching wurden der Flussregenpfeifer und die Wasseramsel,
der Grau- und der Grünspecht verdrängt. Der Pirol und die

Uferschwalbe wurden dort rar. Die Population des Kuckucks ging ebenfalls stark zurück.

Das Freihalten von Brutinseln durch den Kraftwerksbetreiber erhält den Bestand des Flussuferläufers. Landschaftspflegerische Maßnahmen an den Staustufen 18 bis 23 haben insgesamt für die Vögel jedoch bessere Lebensräume geschaffen als die bis 1950 gebauten Staustufen im Süden Landsbergs: Flussregenpfeifer, Flussuferläufer und Wasseramsel kommen dort nur noch an letzten Fließstrecken vor.

Die Staustufen am Lech schufen auch Gewinner: Die Stauseen bei Ellgau und Feldheim sind Refugien für brütende Wasservögel, Durchzügler und Wintergäste. Die „Vogelfreistätte Feldheim" und die „Lechauen bei Thierhaupten" wurden 1982 beziehungsweise 1989 als Naturschutzgebiete ausgewiesen. Haubentaucher, Höckerschwan, Tafel- und Reiherente finden in den Stauseen am Lech einen Ersatz für die Altwässer. Der Lech-Donau-Winkel ist eines von lediglich acht international bedeutenden Vogelschutzgebieten, die im Bundesland

Der für diesen Fluss typische Gänsesäger brütet am Nördlichen Lech zwischen Gersthofen und den Staustufen Oberpeiching, Rain und Feldheim.

Die extrem seltene Grauammer lebt am Lech wohl noch in einem Restvorkommmen nahe der Staustufe Oberpeiching.

Am Lech bis zur Mündung und an den Seitenbächen brütet der äußerst selten gewordene Eisvogel.

*Der nördlichste bekannte Brutplatz der
Wasseramsel am Lech liegt bei Gersthofen.*

Bayern als sogenannte Ramsar-Gebiete ausgewiesen wurden.
Das Mittlere Lechtal – eines der EU-Vogelschutzgebiete in
Bayern – erstreckt sich in den oberbayerischen Landkreisen
Landsberg am Lech und Weilheim-Schongau entlang des
Flusses. Dort bieten Stauseen, Röhrichte, Relikte der Weich-
holzauen und Leitenwälder, Steilhänge und andere natürliche
Erosionsflächen an den Talflanken vielfältige Lebensräume.

Auf den Kiesbänken der Fließstrecke des Lechs zwischen
Gersthofen und Meitingen brütet der Flussregenpfeifer in
der höchsten Siedlungsdichte an einem mitteleuropäischen
Fluss. Auch der markante Gänsesäger hat am Nördlichen
Lech ein wichtiges Brutvorkommen.

Generell hat sich in den Lechauen aufgrund der vielfältigen
Lebensräume noch eine artenreiche Vogelwelt erhalten: Dort
brüten der Pirol, der Neuntöter, die Nachtigall sowie Eulen
und Greifvögel. Das Lechtal zwischen der Augsburger Wolfzahnau und der Lechmündung ist ein überregional bedeutendes Brutgebiet für mehr als hundert Vogelarten, von denen
ungefähr 40 Arten auf der Roten Liste stehen.

Der Biberkopf bei Oberstdorf liegt am Nord-rand des Lechtals. Bei der Gebirgsbildung der Alpen wurden seine Gesteinsmassen durch den Druck der Afrikanischen Kontinentalplatte ins Allgäu verschoben.

Die Afrikanische Platte und ein Gipfel über dem Lechtal

Der Biberkopf überragt bei Warth am Dreiländereck Bayern – Tirol – Vorarlberg das Lechtal. Dieser 2599 Meter hohe Berg gipfel gehört zum Hauptkamm der Allgäuer Alpen, der hier aus Hauptdolomit gebildet wird. Das Mischgestein aus Kalzium- und Magnesiumkarbonat entstand in einem seichten Meer am Nordrand des afrikanischen Kontinents, ehe es bei der Gebirgsbildung der Alpen durch den Druck der Afrikani-schen Platte auf die Eurasische Kontinentalplatte bis an den Nordrand des Faltengebirges verschoben wurde.

Der Biberkopf wird fälschlicherweise oft als der südlichste Berg Deutschlands bezeichnet. Das Haldenwanger Eck liegt allerdings noch gut hundert Meter weiter südlich.

Eine Vitrine im Lechmuseum Bayern deutet die Vielfalt der Gesteine im Lechtal an.

Eine Vitrine im Lechmuseum Bayern erklärt die Gesteinsvielfalt im Lechtal

Lechgerölle kann man als Archiv der Erdgeschichte verstehen. Sie sind Zeugen der Entstehung und der Zerstörung, der Veränderung und der Neubildung der Erdkruste. Welch weite Wege die Steine im Lechtal zum Teil hinter sich gebracht haben, zeigt der Biberkopf: Seine Gesteinsmassen hat quasi der afrikanische Kontinent „geliefert".

Als „Bibliotheken aus Stein" hat der Füssener Buchautor und Geologie-Experte Peter Nasemann die Kiesbänke am Lech bezeichnet. Die in einer Vitrine des Lechmuseums Bayern gezeigte Auswahl (polierter) Sedimentgesteine deutet die Vielfalt der Gesteinsbildungen sowie die Zeiträume an, in denen sich Gebirge formten und wieder abgetragen werden. Im Geröll einer „Kiesbank" im Museum stechen zudem Beispiele kristallinen Gesteins (Magmatite und Metamorphite) heraus, das die Gletscher der Eiszeiten zum Teil bis aus den Zentralalpen ins Lechtal beförderten.

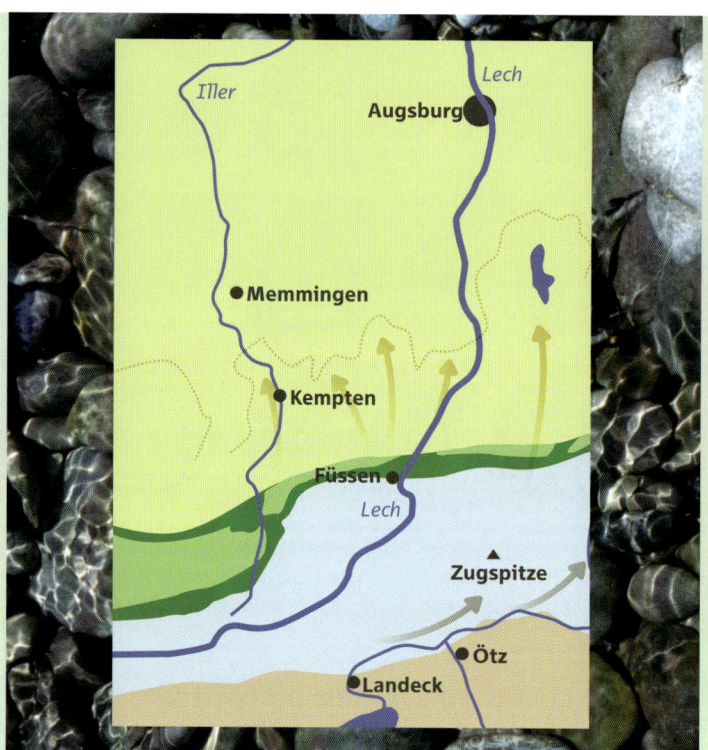

Diese Schemakarte zeigt, von woher und wie weit Gestein auf den Kiesbänken des Lechs vom Wasser transportiert wurde.

Die lange Reise der Steine auf Kiesbänken im Lech

Die Steine, die man auf den Kiesbänken des Lechs findet, hat der Fluss aus dem Gebirge oder von erodierten steilen Uferhalden dorthin transportiert. Dieses Gestein stammt insbesondere aus den Nördlichen Kalkalpen (in der Karte schematisch als blaue Fläche dargestellt) oder aus den Flyschbergen (grün). Sie können aber auch Ablagerungen des Molassebeckens (gelb) sein. Kristalline Steine wurden von den Gletschern der Eiszeit sogar von den Zentralalpen (braun) ins Alpenvorland und damit an den Lech befördert.

*Nur scheinbar unscheinbar wirken die Kiesel-
steine auf den Kiesbänken und an den Ufern
des Lechs. Für den Experten sind sie wie ein
Buch mit vielen Kapiteln der Erdgeschichte.*

Steine am Lechufer: Nachrichten von den Gletschern im Gebirge

Den Laien begeistert die bunte Vielfalt der Formen und
Farben der Steine auf den Kiesbänken und an den Ufern des
Lechs. Für den geologisch Interessierten sind Lechkiesel
quasi ein „Katalog" unterschiedlichster erdgeschichtlicher
Prozesse. Das Gestein vom Lech wird in drei große Haupt-
gruppen eingeteilt: Magmatisches Gestein (etwa diverse
Granite) entstand aus zunächst glutflüssigem Erdkrusten-
material, das unter der Erde erstarrte oder durch Vulkane
an die Oberfläche gelangte. Sedimentgestein wie Kalk- und
Sandstein entstand aus Lockermaterial aus dem Gebirge,
das sich nach seiner Ablagerung im Lauf von Jahrmillionen
erneut verfestigte. Durch chemische Prozesse und extremen
Druck kann sowohl das magmatische Gestein als auch das
Sedimentgestein in metamorphes Gestein (ein geläufiges
Beispiel für diese Gruppe ist Marmor) umgewandelt werden.

Bei Lechbruck durchbricht der reißende Lech die Faltenmolasse, die dort eine Schwelle gebildet hat. Der Lechdurchbruch im Ostallgäu ist ein imposantes Naturschauspiel.

Molasse: Gesteinstrümmer aus den aufsteigenden Alpen

Am Nordrand der Alpen entstand durch die Absenkung des europäischen Kontinentalrands das Molassebecken. Mächtige Flusssysteme transportierten den Verwitterungsschutt des im Süden heranrückenden Gebirges dorthin. Der Gesteinsschutt wurde am Südrand des Molassebeckens häufig zu geologisch jungen Konglomeraten – Nagelfluh – verbacken und im Zuge der Gebirgsbildung aufgefaltet.

Faltenmolasse hemmt bei Lechbruck den Lauf des Lechs wie eine Schwelle. An dieser Stelle durchschneiden die reißenden Wassermassen des Gebirgsflusses das hier offen zutage tretende konglomeratische Gestein der Molasse. Rauschend überwindet der Lech das natürliche Hindernis vor seinem weiteren Weg in Richtung Norden.

Das Molassegestein unter dem Lechfeld birgt eine Reihe von Erdölvorkommen. Deshalb sind unweit von Schwabmünchen bereits seit 1979 nickende Pferdekopfpumpen in Betrieb.

Aus der Molasse unter dem Lechfeld: Erdöl aus Bayern

Molassesedimente wie die im voralpinen Molassebecken unter dem Lechfeld sind als Speichergestein für Erdöl und Erdgas bekannt. Deshalb betreibt die Wintershall Dea GmbH Deutschland seit 1979 auf dem Lechfeld den Rohölförderbetrieb Aitingen. Er liegt bei Großaitingen, Kleinaitingen und Mittelstetten. Das Erdöl vom Lechfeld haftet am Molassegestein. Im größten Förderbetrieb des Alpenvorlands wurden bis 2019 insgesamt 1,5 Millionen Tonnen Erdöl gewonnen. Mit dieser Fördermenge können jährlich rund 20 000 Häuser beheizt werden. Auch in den letzten Jahren wurden neue Förderstellen erschlossen. 2018 bauten die Ölsucher zuletzt einen Bohrturm auf dem Lechfeld auf. Die Bohrungen im Rohölförderbetrieb Aitingen reichen bis in eine Tiefe von 1300 Metern.

Geschichte am Lech
Siedlungen, Städte, Schlachten

*Auf dem Lorenzberg in Epfach (Abodiacum)
erinnern zwei Meilensteine an die Römer-
straßen am Lech. Der Ortsteil der Gemeinde
Denklingen war in römischer Zeit ein Ver-
kehrsknotenpunkt im heutigen Südbayern.
Am Lechübergang bei Epfach kreuzte die Ost-
West-Verbindung von Salzburg über Kempten
nach Bregenz die Via Claudia Augusta.*

Die Römerstraßen im Lechtal

Schon für die Menschen der Bronzezeit war das Lechtal eine
Verkehrsader: Gold- und Silberfunde in einem 3000 Jahre
alten Gräberfeld bei Bobingen belegten ein mitteleuropä-
isches Handelsnetz. Das Lechfeld wurde erneut zu einer
Verkehrsdrehscheibe, als die Römer 46/47 nach Christus die
nach Kaiser Claudius benannte, mehr als 500 Kilometer lange
Staatsstraße Via Claudia Augusta von Altinum nahe Venedig
bis zur Donau anlegten. Sie führte über den Reschenpass
und den Fernpass, ab dem 2. Jahrhundert auf einer kürzeren
Route über den Brenner. Vom Fernpass stieß die Römerstraße
bei Pflach nördlich von Reutte auf den Lech und wechselte

Die Luftbildarchäologie macht einen Straßendamm der Via Claudia Augusta bei Lechbruck deutlich erkennbar.

bei Unterpinswang und vor Füssen auf die westliche Uferseite. Über Roßhaupten, Lechbruck, Altenstadt und die um das Jahr 8 vor Christus gegründeten Militärplätze Abodiacum (Epfach) und Augusta Vindelicum (Augsburg) führte sie bis Submuntorium (bei Mertingen) nahe dem Donautal.

In Augsburg und Epfach wurden die ältesten Römerfunde Bayerns ergraben. Ab der Zeit um 20 nach Christus versorgte eine Fernwasserleitung – ein rund 35 Kilometer langer, bis zu acht Meter breiter Kanal auf dem Lechfeld von einem Singoldanstich nahe Hurlach – die Augusta Vindelicum (Augsburg) mit Brauchwasser. In Füssen (Foetes/Foetibus) wurde um 300 (wohl zur Sicherung der Via Claudia Augusta) ein Kastell angelegt. Relikte römischer Straßen, Gutshöfe, Bäder oder Tempel fand man in Oberndorf, Gersthofen, Königsbrunn, Landsberg, Peiting und Schwangau. Auf dem Auerberg lag von 13 bis 40 nach Christus eine frühe römische Siedlung.

Die meist schnurgerade und zum Teil auf Straßendämmen verlaufende, allerdings ungepflasterte Römerstraße wurde zunächst nur militärisch, bald aber auch von Händlern und Reisenden genutzt. Nach dem Abzug der Römer blieb sie

*Ein Grabmal eines römischen Weinhändlers
sowie ein römischer Meilenstein sind heute
in einer Ausstellung des Römischen Museums
im Augsburger Zeughaus zu sehen.*

*Auf dem Städtischen Friedhof in Königsbrunn
wurde das Mithraeum entdeckt, das einzige
ergrabene Mithrasheiligtum in der einstigen
römischen Provinz Rätien. Auf dem Gelände
fand man außerdem die Fundamente eines
Römerbads – Gabionen zeigen ihre Lage an.*

Vom Reschenpass kommend führte die Via Claudia Augusta nach Füssen und von dort aus auf dem westlichen Lechufer bis zur Donau. Die Hochwasser des Lechs bedrohten die Römerstraße immer wieder. Vor Augsburg verlagerte sich der Fluss in späteren Jahrhunderten kilometerweit nach Osten.

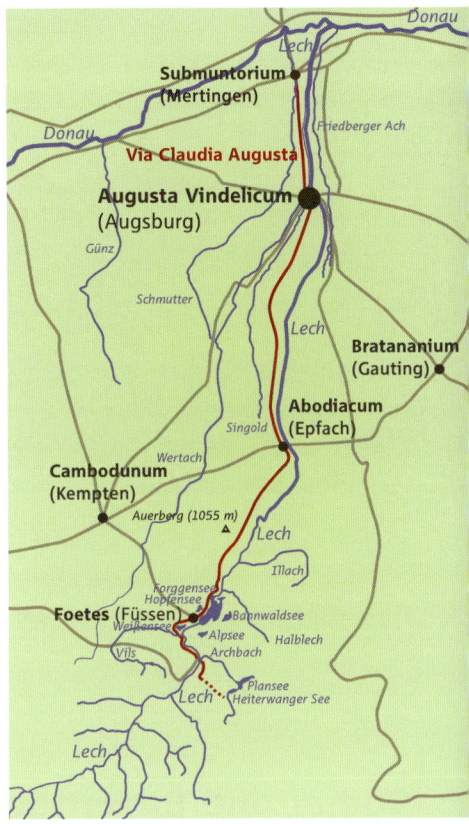

noch jahrhundertelang erhalten: Sie war Teil der spätmittelalterlichen Handelsroute zwischen Italien und Nürnberg. Augsburg – „Deutschlands Tor nach Italien" – wurde zu einem bedeutenden Handelsplatz, der über die Alpenpässe mit dem Orient und der Levante sowie im Norden mit Franken und der Hanse, Flandern und Skandinavien verbunden war.

Auch eine kleine Stadt wie Schongau profitierte als Lager- und Umladeplatz von der Lage an einem Lechübergang, über den die frühere Römerstraße von Innsbruck her auf die aus Richtung Füssen kommende stieß. Im späten Mittelalter erhielt Schongau das Transportmonopol für alle Waren, die auf der Straße in Richtung Süden oder Norden befördert wurden. Durch den Warentransport ab Schongau flussabwärts wurde die dortige Flößerzunft zur wohl bedeutendsten am Lech.

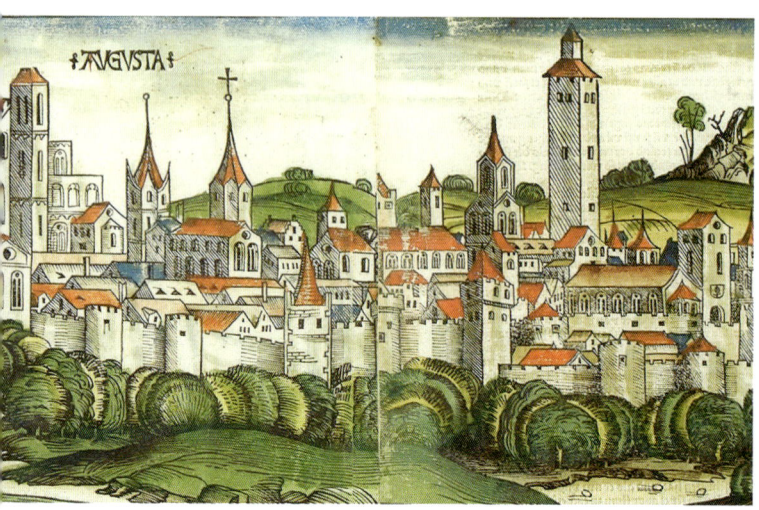

15 vor Christus zogen die Römer erstmals über die Alpen. Um 8 vor Christus errichteten sie am Zusammenfluss von Lech und Wertach ein Militärlager, aus dem sich im folgenden Jahrhundert Augusta Vindelicum, das heutige Augsburg, entwickeln sollte.

Römer und Bayern waren die Stadtgründer am Lech

Alle größeren Städte des Alpenvorlands liegen an Gebirgsflüssen. Dies gilt auch für Augsburg, dessen Besiedlungsgeschichte bayernweit eine einzigartige Stellung einnimmt. Das Gebiet der Stadt war schon seit der Jungsteinzeit – im 6. Jahrtausend vor Christus – besiedelt gewesen. Nah bei der Mündung der Wertach in den Lech errichteten die Römer um das Jahr 8 vor Christus ein erstes Militärlager. Ihm folgte 10 bis 15 nach Christus ein Kastell auf der Hochterrasse über dem Lech, auf der die Zivilsiedlung Augusta Vindelicum entstand. Im 2. Jahrhundert nach Christus löste das von Kaiser Hadrian 122 zur Stadt erhobene Augsburg Kempten als Hauptstadt der Provinz Rätien ab. Neben Kempten, Trier, Köln und Mainz zählt Augsburg zu den ältesten Städten Deutschlands.

Auf dem Schlossberg in Füssen haben sich bis heute Fundamente eines römischen Kastells aus dem 4. Jahrhundert erhalten.

Auch Füssen hat eine römische Vergangenheit: Am Schlossberg sind Fundamente des Kastells Foetes (auch: Foetibus) aus dem 4. Jahrhundert erhalten, das Füssen möglicherweise seinen Namen gab. Im Jahr 1295 wurde Füssen erstmals als Stadt erwähnt. 1313 wurde Füssen vom Kaiser an den Bischof von Augsburg verpfändet – bis 1803 blieb es im Besitz des Hochstifts Augsburg. Aus Altenstadt, dem „alten" Schongau

1420 entstand in Schongau das Ballenhaus, wo man die auf den alten Handelsrouten und auf dem Lech transportierten Waren lagerte.

*Landsberg war Brückenort für den Salzhandel
und sicherte zudem die Grenze Bayerns gegen
das Herrschaftsgebiet der Augsburger Bischöfe.*

an der Römerstraße, entwickelte sich im 13. Jahrhundert auf
einem Umlaufberg des Lechs das „neue" Schongau: Im Jahr
1253 wurde es erstmals als bayerische Stadt erwähnt. Zur

*Bei einer hoch über dem Lechtal und mit Blick
auf das nahe Augsburg gelegenen Burg der
Wittelsbacher entstand die Stadt Friedberg.*

1250 wurde Rain zur Sicherung der bayeri-
schen Grenze kurz vor der Mündung des Lechs
in die Donau gegründet.

Sicherung der bayerischen Landesgrenze wurde Landsberg
gegründet: Der Welfenherzog Heinrich „der Löwe" ließ um
das Jahr 1160 eine Brücke an der Salzstraße und ein „Castrum
Landespurch" bauen. Die bei der Burg entstandene Siedlung
„Landesperch" erhielt im 13. Jahrhundert das Stadtrecht. Mit
seiner Gründung als befestigter Brückenkopf gegen Schwaben
erhielt Rain 1250 auch das Stadtrecht. Friedberg galt als das
„Auge Bayerns": Herzog Ludwig II. „der Strenge" errichtete
um 1257 auf dem Lechrain eine Burg mit Blick auf Augsburg.
Die Grenzstadt Friedberg entstand. 1404 erhielt Friedberg ein
erweitertes Stadtrecht. Das heutige Schloss wurde 1409 ausgebaut und 1541 – nach einem Brand – sowie 1652 – nach der
Zerstörung im Dreißigjährigen Krieg – wiederhergestellt.

Aus dem Rahmen fällt Königsbrunn: Dort, wo der bayerische
König Ludwig I. 1833 drei Brunnen für die Reisenden bauen
ließ, entstand aus einer einsam gelegenen Ansiedlung das
„längste Straßendorf Deutschlands". 1967 wurde dieses Dorf
zur Stadt. Auch in Königsbrunn haben die Römer ihre Spuren
hinterlassen: Dort hat man Relikte einer Mithraskultstätte und
eines Römerbads entdeckt. 1969 – tausend Jahre nach seiner
ersten urkundlichen Nennung – wurde auch das schwäbische
„Industriedorf" Gersthofen zur Stadt erhoben.

Das Lechfeld südlich von Augsburg wurde schon früh besiedelt: Ein Geländemodell im Archäologischen Museum Königsbrunn stellt eine Siedlung aus der Hallstattzeit dar.

Das Lechtal: seit Jahrtausenden besiedelt, tausend Jahre Grenze

Wohl schon vor 8000 Jahren lebten Steinzeitmenschen in der Füssener Bucht und nahe dem heutigen Augsburg. Die bislang älteste Siedlung am Lech – vor rund 7000 Jahren entstanden – wurde bei Großaitingen entdeckt. Das Lechfeld war in der Bronzezeit (um 2400 – 800 vor Christus) ein kulturell hochentwickelter Siedlungsraum mit Handelsverbindungen, die bis nach Griechenland reichten. Kelten der Hallstattzeit (um 750 – 450 vor Christus) sorgten im Raum Augsburg für eine weitere kulturelle Blüte. Das Archäologische Museum im Königsbrunner Rathaus zeigt Funde vom Lechfeld – von Pfeilspitzen, Bohrern und Messern der späten Jungsteinzeit bis zu Bronzeschmuck aus der Urnenfelderzeit. Ein herausragendes Exponat ist das Grab eines Glockenbechermanns – eine Großvitrine birgt sein Skelett. Und ein Modell in diesem Museum veranschaulicht eine Siedlung aus der Hallstattzeit.

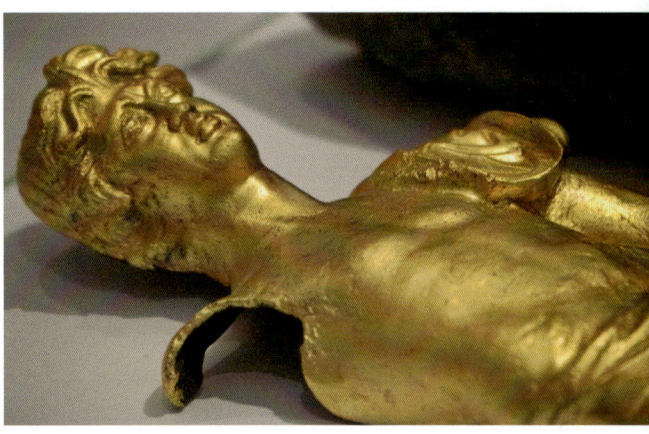

Aus dem Lech bei Augsburg wurde diese vergoldete Bronzestatuette eines Schutzgeistes des römischen Volkes geborgen.

Auf dem Lechfeld wurden international beachtete Funde ergraben. Die Relikte einer 1934 entdeckten prähistorischen Siedlung aus der Zeit um 3500 vor Christus (am Ostrand des Lechtals bei Pestenacker) gehören seit dem Jahr 2011 zum UNESCO-Welterbe „Prähistorische Pfahlbauten um die Alpen".

In bronzezeitlichen Gräberfeldern entlang des Lechs fanden Archäologen Überreste von fast 400 Menschen aus der Zeit zwischen 2500 und 1700 vor Christus. Genanalysen belegten, dass diese Bauern die Nachfahren von Steppenbewohnern waren, die im frühen dritten Jahrtausend vor Christus aus der heutigen Ukraine einwanderten und im Lechtal am Rand des fruchtbaren Lössbodens mächtige Langhäuser erbauten. Bis 2019 hat man südlich von Augsburg 20 Bauernhöfe östlich des Lechs ergraben: Auf einer Strecke von 20 Kilometern lagen sie – gereiht wie die Perlen einer Kette – in Sichtweite zueinander. Weitere fünf Höfe fanden Archäologen westlich des Lechs und unweit der Wertach. In den Langhäusern lebten Gruppen von bis zu zehn Personen mit ihrem Vieh unter einem Dach. Diese Grabungsfunde stießen darum auf großes Interesse, weil sie den frühesten Beleg für soziale Ungleichheit innerhalb eines Haushalts darstellten: Genanalysen und

*An der Talstation der Tegelbergbahn in
Schwangau sieht man die Mauerreste eines
römischen Gutshofs, einer Villa rustica.*

Grabbeigaben bewiesen, dass es schon vor 4000 Jahren eine
Drei-Klassen-Gesellschaft mit komplexer Sozialstruktur gab.
Als mit den Römern im Jahr 15 vor Christus die Zivilisation
des Mittelmeerraums über die Alpen drang, war das Lechtal
allerdings wohl nur noch spärlich besiedelt. Der Name der
Likatier – einer der vier Stämme der keltischen Vindeliker –
leitet sich vermutlich von Licca (Lech) ab. Bis 476 dauerte die
Herrschaft der Römer im Lechtal – danach blieben wohl nur
Reste der romanischen Bevölkerung. Seit dem 4. Jahrhundert
sollen die Römer beiderseits des Lechs Alamannen ange-
siedelt haben. Ende des 5. Jahrhunderts zogen von Osten
her Siedler aus dem heutigen Bayern ins Lechtal.

Nördlich von Augsburg gab das Lechtal gerade in jüngerer
Vergangenheit besonders spektakuläre Bodenfunde frei. Eine
Sensation war das Reitergrab aus dem 7. Jahrhundert, das
man 2019 bei Nordendorf entdeckt hat. Bei Todtenweis fand
man 2013 ein reich verziertes ungarisches Pferdegeschirr.
Nach der Schlacht auf dem Lechfeld im Jahr 955 zog bis
um 1200 eine erste Siedlerwelle aus Bayern im Osten und
Schwaben im Westen in das Tiroler Lechtal: Auch dort bildete der Fluss eine „nasse Stammesgrenze". In einer zweiten

Die sechs Meter hohe Grenzsäule bei Rain von 1439 markierte die Landesgrenze zwischen „payrland" – also Bayern – im Osten und der vorderösterreichischen Markgrafschaft Burgau.

Welle besiedelten im 13. Jahrhundert Rätoromanen die Seitentäler und kamen Oberallgäuer ins Hornbachtal. Nach 1300 drangen mit der hochalpinen Landwirtschaft vertraute Walser ins Oberste Lechtal vor.

Im 8. Jahrhundert wurde der Lech zur politischen Grenze: Mehr als tausend Jahre lang trennte dieser Fluss Bayern und Schwaben. Diese Grenzziehung nutzte der Räuberhauptmann Matthäus Klostermayr, der in Kissing geborene „Bayerische Hiasl" (1736 – 1771): Er entzog sich durch Flucht über den Fluss lange Zeit seinen Verfolgern, ehe ihn Soldaten nach einem Gefecht im Ostallgäu gefangennahmen.

Der Lechrain zieht sich zwischen Rain und dem Gebiet südlich von Schongau entlang des Ostrands des Lechtals: Südlich von Augsburg vermischen sich Bairisch und Schwäbisch zum lechrainischen Dialekt. Nördlich von Augsburg bildet der Lech eine der schärfsten Mundartscheiden im gesamten deutschsprachigen Raum. Brücken gab es hier lange Zeit nur wenige – „der wechselseitige Verkehr ist noch heute gleich null", schrieb Freiherr von Leoprechting im Jahr 1855.

Das Königsbrunner Mithraeum ist die einzige ergrabene Mithraskultstätte Bayerns.

Kultstätte an der Via Claudia Augusta: das römische Mithraeum in Königsbrunn

Ein musealer Schutzbau auf dem Städtischen Friedhof in Königsbrunn überdacht die Tuffsteinmauerreste eines römischen Mithrastempels, der vermutlich im 3. Jahrhundert am Rand der Via Claudia Augusta entstand. Er ist das einzige Relikt eines Mithrasheiligtums in Bayern. Die Mauerreste waren 1976/77 vom Bayerischen Landesamt für Denkmalpflege ausgegraben worden. Erst Jahre später erkannte der Leiter des Römischen Museums in Augsburg – Lothar Bakker – die Bedeutung dieses Funds.

Der Mithraskult war ein unter römischen Legionären weit verbreiteter Männerkult. Frauen blieben dabei ausgeschlossen. Im Mittelpunkt des Mysterienkults stand der Gott Mithras. (Sein Beiname „Sol invictus" bedeutet „unbesiegter Sonnengott".) Er gilt als ein Wegbereiter des Christentums. Dieser Kult wurde im 3. Jahrhundert zur Staatsreligion, jedoch 391 vom Christentum verdrängt.

Am Lech in Füssen besaßen die Augsburger Bischöfe eine ihrer Nebenresidenzen.

Das Bistum Augsburg und das Hochstift Augsburg im Lechtal

Im Lechtal südlich wie nördlich von Augsburg waren die Augsburger Bischöfe die schärfste politische Konkurrenz des Herzogtums und späteren Kurfürstentums Bayern, über dessen Territorium der Fluss zum Teil verlief. Das Bistum Augsburg reichte zeitweise von Mittelfranken bis in das Obere Lechtal. Das Hochstift und das Domkapitel konnten westlich des Lechs Herrschafts- und Grundrechte erwerben, die zwischen Donautal und nördlichem Alpenrand ein schmales, aber fast geschlossenes Territorium ergaben. Ausdruck dieses Macht- und Besitzanspruchs ist Füssen, das 1313 als Pfandbesitz an das Hochstift Augsburg fiel: Bis 1802 blieb Füssen „augsburgisch bischöfliche Stadt". 1322 ließ der Bischof dort das Hohe Schloss erneuern, das in späteren Jahrhunderten weiter um- und ausgebaut wurde. Auch das Obere Lechtal gehörte lang zum Bistum Augsburg. Im Außerfern besaß das Hochstift viele Güter, Rechte an der Jagd und an der Waldnutzung.

Ein Deckenfresko in der Pfarrkirche St. Ulrich und Afra in Graben stellt Bischof Ulrich und König Otto I. „den Großen" nach ihrem Sieg in der Schlacht auf dem Lechfeld dar.

Frühe Christen, Heilige und Kirchen im Lechtal

Durch das Lechtal und über die Römerstraße Via Claudia Augusta kam das Christentum ins Voralpenland: Auf dem Lorenzberg bei Epfach stand wohl bereits in römischer Zeit – um 370/380 – ein frühchristlicher Gemeindebau. Die Anfänge des Bistums Augsburg – das noch bis 1803 bis in das Obere Lechtal reichte – liegen im Dunkeln. Auch in Augsburg stand eine Kirche aus spätrömischer Zeit, und schon damals war die Stadt vermutlich Bischofssitz. Der erste historisch gesicherte Bischof war Wikterp (ab 738). Er stammte wohl aus Epfach, wo er meistens residierte und um 772 begraben wurde. Seit 1492 ruhen die Gebeine dieses heiliggesprochenen Bischofs in der Simpertkapelle von St. Ulrich und Afra in Augsburg.

In Füssen erinnert der „Magnustritt" an den bekanntesten Missionar am Lech, den Heiligen Magnus. Der „Apostel des

Allgäus" soll – so die fromme Legende – im 8. Jahrhundert
auf der Flucht vor feindseligen Heiden über die Lechschlucht
gesprungen sein und dabei seinen bis heute sichtbaren Fußabdruck im Fels hinterlassen haben.

Der Augsburger Bistumspatron und heiliggesprochene Bischof
Ulrich (geboren um 890, Bischof von 923 bis 973) verteidigte
die Stadt 955 bei der Schlacht auf dem Lechfeld gegen die
Ungarn. Der Bischof und die Lechfeldschlacht werden deshalb in mehreren Kirchen im Lechtal dargestellt. Die Basilika
St. Ulrich und Afra – das nach dem Dom zweitgrößte Gottes-
haus Augsburgs – ist nach ihm benannt. Die Afrakirche war
beim Angriff der Ungarn zerstört worden. In der später erbauten Kirche ließ Bischof Ulrich seine Grablege errichten.
Der christliche Kult um die Grabstätte der Märtyrerin Afra ist
seit 565 bekannt. Die in Augusta Vindelicum lebende Afra
soll der Legende nach eine Tochter des Königs von Zypern

*Bischof Ulrich – hier bei der Verteidigung
der Augsburger Stadtmauer vor den Ungarn –
entdeckt man in einem der Großdioramen
des „955 – Informations- und Präsentations-
pavillon Königsbrunn", die Ereignisse in der
Schlacht auf dem Lechfeld darstellen.*

Wie ein übergroßer Fußabdruck wirkt der „Magnustritt" im Fels über der Füssener Lechschlucht: Der Legende nach sprang hier der heilige Magnus über den Lech. Die Vertiefung im Fels entstand jedoch vermutlich durch die tertiäre Versteinerung einer Riesenauster.

1064 wurden die Gebeine geborgen, die man für die Überreste der Märtyrerin Afra hielt. Sie wurden in einem ursprünglich römischen Sarkophag bestattet, der in der Krypta der Basilika St. Ulrich und Afra zu sehen ist.

Der Augsburger Dom ist der bedeutendste Sakralbau im Lechtal. Die Westkrypta gehört zu den ältesten Bauteilen der Bischofskirche.

gewesen sein, die dort gemeinsam mit weiteren Frauen ein Freudenhaus betrieb: Der Bischof Narcissus soll Afra bekehrt haben. Während einer Christenverfolgung soll Afra um das Jahr 304 dann auf einer Lechinsel verbrannt worden sein. Die Existenz dieser Bistumsheiligen ist nicht belegt, auch wenn ein römischer Sarkophag in der Unterkirche von St. Ulrich und Afra – nur wenige Schritte vom barocken Grabmal Bischof Ulrichs entfernt – ihre sterblichen Überreste bergen soll.

In der Westkrypta des Doms in Augsburg fand man als älteste Bauteile Relikte aus der Spätantike und drei Flechtwerksteine aus der Zeit um das Jahr 800. Ein frühchristlich-römischer Vorgängerbau des Doms war wohl im 5. Jahrhundert entstanden.

Im ehemaligen Benediktinerkloster St. Mang in Füssen stammen Mauerreste aus dem 8. Jahrhundert vermutlich noch von einem vom Heiligen Magnus errichteten Gebäude. In Altenstadt blieb die einzige romanische Gewölbebasilika Oberbayerns – entstanden in den Jahrzehnten bis 1220 – weitgehend erhalten.

*Ab 1603 wurde die aufgrund eines Gelübdes
gestiftete Wallfahrtskirche Maria Hilf gebaut.*

Die Wallfahrtskirche in Klosterlechfeld wurde aus Angst vor dem Lech gestiftet

1602 geriet die Augsburger Patrizierin Regina von Imhof
bei einer Fahrt zu ihrem Schloss in Untermeitingen auf
dem Lechfeld in einen dichten Nebel – Nebenarme des
Lechs konnten zur lebensgefährlichen Falle werden. Voll
Todesangst gelobte sie eine Kapelle zu Ehren Marias. Im
April 1603 wurde mit dem Bau der damals noch kleinen
Kirche Maria Hilf begonnen. Renaissancebaumeister Elias
Holl aus Augsburg hat die Rundkirche nach dem Vorbild
der Santa Maria Rotonda (dem antiken Pantheon) in Rom
geplant. Sein Bruder Esaias Holl hat den Bau ausgeführt.

Bald entstand eine Wallfahrt: Deshalb wurde ab 1656
das Langhaus angebaut. Bis 1691 folgten die beiden
runden Seitenkapellen, die dieser Kirche das Aussehen
eines orthodoxen Sakralbaus geben. Ab dem 17. Jahrhundert entwickelte sich der Ort Klosterlechfeld um die
Wallfahrtskirche und um das dortige Kloster Maria Hilf.

Das neubarocke Deckenfresko der Pfarrkirche in Pinswang in Tirol zeigt die Schlacht auf dem Lechfeld. Die Stadtsilhouette im Hintergrund dieser Szenerie stellt allerdings das Augsburg des 17. Jahrhunderts dar.

Schlachtfelder und Kriegslärm am Lech

Mit der Schlacht auf dem Lechfeld begann eine neue Epoche in der Geschichte Europas. Der Sieg Ottos I. über die heidnischen Ungarn am 10. August 955 beendete deren Raubkriege in Deutschland. Wo genau das Schlachtfeld lag, ist noch heute umstritten. Bischof Ulrich verteidigte Augsburg gegen die Magyaren und hatte deshalb entscheidenden Anteil am Sieg des deutschen Königs Otto und der mit ihm verbündeten Bayern, Schwaben, Franken, Sachsen und Böhmen.

Auch die Schlacht am Lech bei Rain veränderte die Karte Europas. Am 14. und 15. April 1632 erzwangen Truppen des Schwedenkönigs Gustav II. Adolf im Dreißigjährigen Krieg den Übergang über den Lech. Der bayerische Befehlshaber Graf Tilly wurde bei diesem Gefecht tödlich verwundet, das

*Im April 1632 erzwangen schwedische Truppen
in der Schlacht bei Rain den Übergang über
den Lech. Damit eroberte die protestantische
Union die Vorherrschaft über das Lechtal.*

Fuggerschloss in Oberndorf zerstört. Süddeutschland lag ungeschützt vor den Schweden, die weit bis ins Tiroler Lechtal vordrangen. Als kaiserliche und bayerische Truppen 1634/35 das von den Schweden besetzte Augsburg belagerten, verlor die Reichsstadt durch Hunger und Pest rund zwei Drittel ihrer zuvor fast 50 000 Einwohner. 1646 belagerten Schweden und Franzosen Augsburg erneut, Lechhausen und Friedberg – das schon 1632 zerstört worden war – wurden niedergebrannt.

Bereits die Entstehung der späteren römischen Provinzhauptstadt Augsburg hatte einen militärischen Hintergrund: Das zwischen 10 und 15 nach Christus auf der Lechhochterrasse errichtete Kastell wurde zur Keimzelle der Römerstadt. Funde belegen, dass in dem Kastell 2000 bis 3000 Mann – Legionäre und Hilfstruppen (sogenannte Auxiliares) – stationiert waren.

1596 kam es fast zu einem bewaffneten Konflikt zwischen der Reichsstadt Augsburg und Bayern um das Lechwasser aus dem Hochablass: Diese Auseinandersetzung ging als

*Ein Museum in der Lechfeldkaserne erinnert
an die Geschichte von Lagerlechfeld.*

Lagerlechfeld: 150 Jahre Militärgeschichte und ein Militärflugplatz auf dem Lechfeld

Aus Lagern auf dem Lechfeld wurde der Ort Lagerlechfeld. Seit 1859 bestand hier ein königlich-bayerischer Truppenübungsplatz, im Deutsch-Französischen Krieg (1870/71) hielt man dort 9000 französische Soldaten gefangen. 1913 startete der militärische Flugbetrieb mit vier Doppeldeckern. Im Ersten Weltkrieg hat man dort 20 000 Kriegsgefangene interniert. Ab 1934 nutzte man den Flugplatz für Testflugzeuge der Augsburger Messerschmittwerke: Hier wurden das Raketenflugzeug Me 163 und das weltweit erste Düsenflugzeug (Me 262) erprobt, KZ-Häftlinge sowie russische Kriegsgefangene leisteten Zwangsarbeit. 1944 und 1945 wurde der Flugplatz durch Luftangriffe und Sprengung zerstört. Von 1956 bis 2013 war hier das Jagdbombergeschwader 32 stationiert: Ein Museum in der Lechfeldkaserne erinnert daran. Bis 2028 will die Bundeswehr Transportmaschinen stationieren und somit 600 teils hochqualifizierte Arbeitsplätze schaffen.

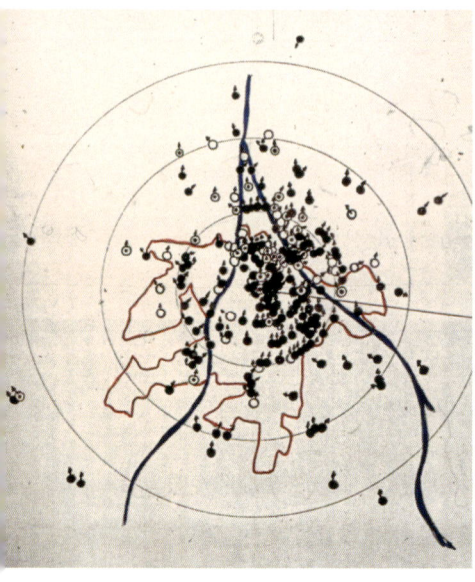

Bei Luftangriffen auf Augsburg im Zweiten Weltkrieg diente der Lech den einfliegenden Luftwaffenverbänden der Royal Air Force als Orientierungslinie. Das Bombenabwurfsprotokoll des Nachtangriffs vom 25. Februar 1944 zeigt den Lauf des Lechs und der Wertach sowie ihr markantes Mündungsdreieck.

Das hoch über dem Lechtal gelegene Friedberg war eine Grenzstadt, die als „das Auge Bayerns" auf die nahe Reichsstadt Augsburg galt. Friedberg wurde bei den kriegerischen Konflikten zwischen Augsburg und Bayern mehrmals stark in Mitleidenschaft gezogen und sogar niedergebrannt.

Nicht zuletzt wegen der Lechbrücke und wegen seiner Lage an der Grenze zu Bayern wurde Augsburg in den ersten drei Koalitionskriegen von 1796 bis 1805 mehrmals von Franzosen, Österreichern, Russen oder Bayern besetzt. 1796 überquerten französische Truppen die Lechbrücke, um das bayerische Dorf Lechhausen und die Stadt Friedberg anzugreifen.

„Wasserkrieg" in die Geschichte ein. Auf dem Lech wurden vom 16. bis 18. Jahrhundert Truppen und Waffen auf Flößen bis nach Wien, Ungarn oder zu den Schauplätzen der Türkenkriege transportiert. Im Jahr 1796 besetzten französische Revolutionstruppen Augsburg, wo sie die Lechbrücke überquerten und auch das bayerische Friedberg eroberten.

Sogar im Zweiten Weltkrieg spielte der Fluss eine Rolle: 1942 orientierten sich britische Tiefflieger bei einem Angriff auf die Fabrikanlagen der MAN sowohl am Lech als auch an den Augsburger Lechbrücken. In der Augsburger Bombennacht vom 25. auf den 26. Februar 1944 verriet das in der verschneiten Landschaft sehr gut sichtbare markante Mündungsdreieck von Lech und Wertach den Piloten der Royal Air Force, die von Süden über das Lechfeld einflogen, ihr Ziel.

*In Außenlagern von Dachau bei Kaufering
und Landsberg starben tausende KZ-Häftlinge.*

In den KZ-Außenlagern von Kaufering und Landsberg starben fast 15 000 Menschen

Ab dem Sommer 1944 entstanden im Raum Kaufering-Landsberg elf Außenlager des Konzentrationslagers Dachau. Die Außenlager Kaufering I bis XI dienten der Unterbringung 30 000 jüdischer KZ-Häftlinge aus mehreren Ländern Europas. Unter unmenschlichen Bedingungen waren sie am Bau von halbunterirdischen Produktionsstätten für Jagdflugzeuge beteiligt. Im Außenlager Landsberg auf dem Fliegerhorst Penzing arbeiteten Häftlinge für Dornier und Messerschmitt. Für das Rüstungsprojekt „Ringeltaube" waren ursprünglich drei riesige Betonbunker geplant, von denen nur einer fertiggestellt wurde. Der Bunker im Frauenwald bei Landsberg wurde später zeitweilig von der Bundeswehr genutzt. Auf dem Areal des Lagers Kaufering VII in Landsberg sind die letzten fünf der erdhüttenartigen Tonflaschenbunker erhalten, die den KZ-Häftlingen als primitive Unterkünfte dienten.

Prominente Namen aus dem Lechtal

Die **Grafen von Lechsgemünd** hatten ihre Burg bei der Lechmündung bei Marxheim. Die Familie war im 11. und 12. Jahrhundert eine der mächtigsten Bayerns und stiftete die Klöster Kaisheim und Niederschönenfeld. Die Burgruine in Graisbach erinnert an das Geschlecht. 1327 starben die Grafen von Lechsgemünd-Graisbach aus.

Wenige Schritte von einem der Augsburger Lechkanäle – dem Sparrenlech – entfernt, lebte und starb der Maurer **Franz Mozart** (1649–1694) in der Fuggerei, der 1521 von **Jakob Fugger** gestifteten Sozialsiedlung. Franz Mozarts 1719 in Augsburg geborener Enkel **Leopold Mozart** ist der Vater von Wolfgang Amadé Mozart.

Naturforscher **Freiherr Joseph Maximilian von Lütgendorf** (1750–1829) wagte den ersten deutschen Ballonstart in den Siebentischwiesen im Lechtal bei Augsburg. Ein Startversuch vor 100 000 Zuschauern misslang am 24. August 1786. Weitere Versuche des Luftfahrtpioniers in Augsburg und Gersthofen scheiterten ebenfalls.

Die Maschinenfabrik Augsburg wuchs nicht zuletzt durch den Bau von Turbinen für die Wasserkraftwerke an den Lechkanälen. Vom Ingenieurwissen und vom Kapital des Unternehmens profitierte der Erfinder **Rudolf Diesel** (1858–1913), als er wenige Schritte vom Lech entfernt von 1893 bis 1897 den Dieselmotor entwickelte.

Der Dichter **Bertolt Brecht** (1898–1956) wurde im Augsburger Lechviertel – in einem Häuschen zwischen zwei Lechkanälen – geboren. Noch als Student ging Brecht gern mit Freunden zum Schwimmen an den Lech. Später wurde er mit Werken wie der „Dreigroschenoper" und dem „Kaukasischen Kreidekreis" weltberühmt.

1899 stifteten das Fürstlich und Gräflich Fuggersche Familienseniorat sowie die Gemeinde Graben das bronzene Brustbild Hans Fuggers in St. Ulrich und Afra in Graben.

Das Fugger-Epitaph auf dem Lechfeld

Im späten Mittelalter war Augsburg neben Köln und Nürnberg eine der bevölkerungsreichsten Städte Deutschlands. Schon 1367 zählte die Stadt am Lech 20 000 Einwohner: Der Grund für ihre Bedeutung war Augsburgs Lage an der alten Römerstraße im Lechtal. Die Stadt galt als „Deutschlands Tor nach Italien" – vor allem der Handel mit Venedig sowie ihre Stellung im Edel- und Buntmetallhandel machten Augsburger Kaufleute wohlhabend. Die „Augsburger Pracht" wurde noch im Mittelalter sprichwörtlich.

Lange Zeit hat man geglaubt, dass Hans Fugger aus Graben auf dem schwäbischen Lechfeld 1367 als armer Dorfweber in die Reichsstadt Augsburg eingewandert sei, wo seine Familie in nur drei Generationen zur bedeutendsten Handelsmacht Europas aufstieg. Deshalb stifteten das Fürstlich und Gräflich

Jakob Fugger (1459–1525)
ist das bekannteste Mitglied
der Fugger'schen Familienlinie
„von der Lilie", die zu Anfang
des 16. Jahrhunderts zum
führenden Montan-, Handels-
und Finanzunternehmen
Europas aufstieg. Um 1518
porträtierte Albrecht Dürer
Jakob Fugger „den Reichen".
Das Gemälde ist in Augsburg
in der Staatsgalerie in der
Katharinenkirche zu sehen.

Fuggersche Familienseniorat und die Gemeinde Graben 1899
das bronzene Brustbild Hans Fuggers, des Stammvaters aller
Augsburger Fugger, in St. Ulrich und Afra in Graben. 2017 hat
jedoch ein Münchener Historiker erforscht, dass Hans Fugger

Die bekannteste Stiftung Jakob Fuggers, die
Fuggerei (heute die älteste Sozialsiedlung der
Welt) liegt an einem Augsburger Lechkanal,
dem Sparrenlech. Früher floß der Lauterlech
sogar offen durch diese Reihenhaussiedlung.

Im Mündungsdreieck von Lech und Donau erwarben die Fugger einen Besitzkomplex, zu dem die Herrschaften Oberndorf, Nordendorf und Biberbach-Markt gehörten. 1536 übernahm Anton Fugger die Reichspflege Donauwörth, ein Gebiet im Donau-Lech-Winkel.

ein relativ wohlhabender Baumwoll- und Barchenthändler war, der in Wahrheit aus einem Dorf in Westschwaben stammte. Das Epitaph in der Kirche von Graben erinnert aber weiterhin an die mittlerweile widerlegte Herkunftslegende der Fugger.

Der bekannteste Vertreter der Familie war der Montanunternehmer Jakob Fugger „der Reiche" (1459–1525). Er wurde der Bankier von vier Päpsten, finanzierte Kaiser Maximilian I. und die Wahl des römisch-deutschen Königs und späteren Kaisers Karl V. In Venedig und Rom hatte Jakob Fugger die Renaissance kennengelernt. In Augsburg ließ er die Fuggerkapelle in St. Anna (bis 1512) sowie die Fuggerhäuser mit dem Damenhof (bis 1515) errichten: Dadurch entstanden der erste sakrale Renaissancebau Deutschlands sowie der erste profane Renaissancebau im heutigen Bayern. Eine Lechbrücke in Augsburg ist nach Jakob Fuggers Neffen und Nachfolger Anton Fugger (1493–1560) benannt. Unter Anton Fugger erreichte die Firma den höchsten Stand ihres Vermögens. Mit Herrschaften und Schlössern in Biberbach und Markt, Nordendorf und Oberndorf sowie mit der Reichspflege Donauwörth schufen die Fugger westlich der Lechmündung einen geschlossenen Herrschaftskomplex. 1610 ließ Markus Fugger ein Schloss in Hurlach im Lechtal bei Landsberg errichten.

Nicht zuletzt die alte Handelsstraße durch das Lechtal machte außer den Fuggern zahlreiche weitere international tätige Augsburger Familienfirmen der frühen Neuzeit reich. Neben den Welsern und Hoechstettern waren die Adler, Egen, Gossembrot, Herwart, Ilsung, Imhof, Langenmantel, Meuting, Paumgartner, Peutinger, Rehlinger, Rehm und Stetten die bekanntesten.

1514 erwarb Jakob Fugger „der Reiche" die Herrschaft Markt samt der Burg unweit von Biberbach am Westrand des Lechtals. Spätere Fugger ließen die mittelalterliche Festung zu einem Schloss ausbauen. Die Schlosskirche und zwei Bergfriede sind erhalten.

Am Ostrand des Lechtals trieb die Friedberger
Ach viele Mühlräder an – auch in Thierhaupten.

Ein Museum in Thierhaupten zeigt, wie ein Kloster die Wasserkraft nutzte

Das Kloster im altbayerischen Thierhaupten – hoch über dem Ostrand des Lechtals gelegen – wurde der Legende nach im 8. Jahrhundert vom Bayernherzog Tassilo III. gegründet. Bis dieses Kloster 1803 säkularisiert wurde, betrieben hier Benediktiner Mühlen an der Friedberger Ach, einem Mühlenflüsschen am Ostrand des nördlichen Lechtals. An diese Form der Wasserkraftnutzung erinnert das Klostermühlenmuseum Thierhaupten in einer rund 500 Jahre alten früheren Getreidemühle an dem kleinen Gewässer. Dort wird die Funktionsweise jener Öl-, Säge- und Papiermühle erklärt, welche die Benediktiner eben- falls betrieben. Ein 3D-Modell zeigt außerdem die Trink- wasserversorgung dieses Klosters durch ein vom Wasser angetriebenes Pumpwerk. Auch ein Teil der historischen Wasserleitung – eine hölzerne Deichel aus den Brunnen- wiesen unterhalb des Klosters – ist hier ausgestellt.

Eine der Figuren des Augsburger Augustus-
brunnens verkörpert den kraftvollen Lech.
Eine Flößerstange, ein Fichtenkranz und ein
Wolfsfell sind seine Attribute: Sie verraten die
Nutzung des Flusses und des Lechtals.

Der Lech am Augsburger Augustusbrunnen

Die wohl markanteste und künstlerisch bedeutendste
Darstellung des Flusses Lech sieht man am Augsburger
Augustusbrunnen. Auf seinem Beckenrand lagern vier
Bronzefiguren. Die Attribute dieser Personifikationen
der Augsburger Hauptgewässer verraten ihre Nutzung:
Floßruder, Fichtenkranz und ein Wolfsfell vermitteln die
Bedeutung des Lechs und seines Tals für die Flößerei,
Holztrift und Jagd. Drei weitere Figuren verkörpern die
Wertach, die Singold und den Brunnenbach. Zwischen
1588 und 1594 entstand dieser Monumentalbrunnen
nach den Modellen des Niederländers Hubert Gerhard.
Dieser Brunnen gehört seit 2019 zum UNESCO-Welterbe
„Augsburger Wassermanagement-System".

Ein Gemälde des Münchener Hofmalers Hans Rottenhammer im Goldenen Saal des Augsburger Rathauses zeigt den Lech als bärtigen Wasserschütter, der zu Füßen der Stadtgöttin Augusta sitzt.

Der Lech im Goldenen Saal des Augsburger Rathauses

Um 1620 schuf Hans Rottenhammer das Gemälde über dem Nordportal des Goldenen Saals im Augsburger Rathaus (Replikat, Original 1944 verbrannt). Dort thront die Stadtgöttin Augusta über Personifikationen der Augsburger Hauptgewässer. Dieses Bild wiederholt mit dem Lech, der Wertach, der Singold und dem Brunnenbach die Verkörperungen der Gewässer am Augustusbrunnen vor dem Rathaus. Auf Rottenhammers Gemälde kam aber ein Jüngling – der nach 1588 entstandene Senkelbach – hinzu. Im rechten unteren Eck des Gemäldes lagert die Personifikation des Lechs. Dieser Fluss wird als Wasserschütter mit einem Floßruder dargestellt. Der Fichtenkranz auf seinem Kopf deutet die Wälder im Lechtal an.

*In den Rokokofresken der Fürstbischöflichen
Residenz in Augsburg wird der „Lycus" (Lech)
als starker Wasserschütter dargestellt.*

Der Lech in der Fürstbischöflichen Residenz in Augsburg

1752 malte der Augsburger Johann Georg Bergmüller
die Fresken im damals neu errichteten Rokokotreppen-
haus der Fürstbischöflichen Residenz in Augsburg. Auf
einem der dortigen Wandfelder ist eine Personifikation
des Lechs über seiner Namenskartusche (Lycus) dargestellt. Der Wasserschütter, sein Floßruder und Felsen
symbolisieren den starken Fluss und sein Quellgebiet.
Die Schriftkartusche hält ein geflügelter Kinderengel,
dargestellt als fischschwänziges Mischwesen.

*Seit den 1960er Jahren ziert ein liegender
Lech mit Dreizack die Lechbrücke zwischen
Meitingen und Thierhaupten. 1952 gestaltete
der Münchener Bildhauer Ferdinand Hauk die
vier Meter hohe Verkörperung des Vaters Lech
an der Karolinenbrücke in Landsberg.*

Der Lech als steinerne Skulptur an zwei Lechbrücken

1952 entstand die rund vier Meter hohe Steinfigur
des Lechs an der von 1949 bis 1952 neu errichteten
Karolinenbrücke in Landsberg. Der Münchener Bildhauer
Ferdinand Hauk hat diese Darstellung einer sitzenden
männlichen Gestalt aus hellem Kalkstein auf einem Tuff-
steinsockel geschaffen. Zu den Attributen des wasser-
schüttenden Flusses gehören ein Krug, ein Fisch und ein
Mühlrad. Die Figur des liegenden Lechs, der einen Dreizack (das Attribut des Wassergotts Neptun) hält, wurde
wohl in den 1960er Jahren an der Lechbrücke zwischen
Meitingen und Thierhaupten aufgestellt. Dort steht auch
eine Figur des Brückenheiligen Johannes Nepomuk.

Ein massiger Kopf mit Fischmaul, Muschelnase und Wellenbart symbolisiert den Fluss an der Lechbrücke in Gersthofen. Die Bronzeplastik entstand im Jahr 1991.

Der Lech als Bronzebüste an der Gersthofer Lechbrücke

Auf einem hohen steinernen Sockel im Grün am Straßen-rand steht in Gersthofen – zwischen dem Lech und dem Lechkanal – eine moderne Bronzebüste, die den Fluss und seine Natur verkörpert. Dieses Kunstwerk hat der Eichtersheimer Bildhauer Jürgen Goertz 1991 geschaffen. Die allegorische Darstellung des Flusses besteht aus einem surrealen massigen Kopf auf einem großen „L", das den Lech symbolisiert. Ein kleines „L" steht für den Lechkanal. Das Fischmaul, die Muschel auf der Nase und der wellenförmige Bart kennzeichnen den Fluss und die Natur. Wie sich heute Künstler materialfrei – nur mittels Medientechnik – mit dem Lech auseinandersetzen, zeigt das Beispiel der Video-Installation in einer der Vitrinen des Lechmuseums Bayern im Wasserkraftwerk Langweid.

Transport, Trinkwasser, Wasserkraft

Lechbruck war eines der Flößerdörfer am Lech. In der Pfarrkirche Mariä Heimsuchung stellt ein im Jahr 1909 entstandenes Gemälde an der Empore ein Lechfloß vor der Lechbrücke dar.

Wasserstraße Lech: Flöße, Schiffe, Triften

Nachdem die Römer um 15 vor Christus das Alpenvorland und damit auch das Gebiet entlang des Lechs bis zur Donau erobert hatten, benutzten sie diesen Fluss als Transportweg. Auf Flößen wurden Bauholz und Stein flussabwärts nach Augsburg befördert. Steinquader von der Alb transportierte man von der Donau auf flachen Lastkähnen lechaufwärts.

Die Lechflößerei war fast zwei Jahrtausende lang vor allem in Füssen, Schongau und Peiting sowie in Flößerdörfern wie Lechbruck, Apfeldorf und Epfach ein bedeutendes Gewerbe. Von Füssen bis Augsburg benötigte ein Floß im besten Fall nur einen Tag. Das war halb so lang wie der Landtransport – also deutlich günstiger. Bis nach Wien, Budapest und Belgrad fuhren die Lechflößer Waren, Steine, Bau- und Brennholz oder

Holzkohle. Auch Reisende und Soldaten, Pferde und Kutschen wurden auf dem Lech befördert. Nach Hause zurück kamen die Flößer zumeist zu Fuß. Bereits um 1580 kannte man „Ordinari-Fahrten" (also einen regelmäßigen Fahrtdienst) von Augsburg nach Wien und – auf dem Landweg – zurück. Um 1600 und 1865 hatte die Flößerei jeweils Hochkonjunktur: Jahr für Jahr fuhren bis zu 4300 der zwölf bis 40 Meter langen und in der Regel viereinhalb bis sieben Meter breiten Versorgungs- beziehungsweise Fernhandelsflöße lechabwärts. 40 Meter Floßlänge waren auf dem Lech allerdings erst ab Augsburg

Den Personentransport auf Lechflößen zeigt eine der ältesten erhaltenen Stadtansichten Augsburgs – eine kolorierte Federzeichnung von Hektor Mülich in der Abschrift der Stadt- chronik Sigismund Meisterlins von 1457.

Stadtansicht von Füssen (Gouache von 1825):
Die Stadt an der Lechschlucht war der Aus-
gangspunkt der Handelsflößerei.

möglich. Noch im Jahr 1912 wurde dort ein Floßhafen am Lech gebaut. Damals war die Flößerei auf dem Lech jedoch bereits unwirtschaftlich geworden. 1914 wurde deshalb der Floßbetrieb in Augsburg eingestellt.

Die Stümpfe der Holzpfosten in einer Kiesbank
im Unterwasser des bis 1912 neu errichteten
Augsburger Hochablasses sind Relikte der
Floßgasse des Vorgängerwehrs, das 1910 von
einem Jahrhunderthochwasser zerstört wurde.

1879 nahm das historische Wasserwerk am Augsburger Hochablass den Betrieb auf.

Das Wasserwerk am Augsburger Hochablass war technisch innovativ

1879 wurde das Wasserwerk am Hochablass in Betrieb genommen: Es war der Beginn der zentralen städtischen Wasserversorgung. Windkessel und Plungerpumpen des Wasserwerks wurden von der Maschinenfabrik Augsburg konstruiert. Drei Jonval-Turbinen (nach dem Jahrhunderthochwasser von 1910 dann drei Francis-Turbinen) trieben bis 1973 die Wasserpumpen an. Ab 1885 übernahm bei Treibwassermangel eine MAN-Dampfmaschine den Antrieb, der 1935 ein MAN-Dieselmotor folgte. 1993 wurde das Wasserwerk zum Wasserkraftwerk: Zuerst produzierten die 1973 stillgelegten Francis-Turbinen über einen Generator Strom. 2005 wurden sie durch drei Kaplan-Turbinen mit jeweils eigenem Generator ersetzt. Das Wasserwerk ist heute ein Technikmuseum und ein Trinkwasserinformationszentrum der Stadtwerke Augsburg. Seit 2019 gehört das Denkmal zum UNESCO-Welterbe „Augsburger Wassermanagement-System".

Im Augsburger Stadtteil Lechhausen erinnert der Flößerbrunnen im Hof der Schillerschule an die Lechflößerei, die für den erst 1913 nach Augsburg eingemeindeten Ort am östlichen Ufer des Lechs enorme wirtschaftliche Bedeutung besaß.

Im 16. Jahrhundert kaufte die Reichsstadt Augsburg in Tirol ganze Wälder auf, um sie abzuholzen und anschließend pro Schwemmung bis zu 350 000 drei bis vier Meter lange Stämme nacheinander lose den Lech hinunter treiben zu lassen. Wegen der hohen Kosten für Genehmigungen, Wald- und Forstarbeiter, Entschädigungen für Flößer und Fischer sowie wegen Schäden an Mühlen, Brücken und Kanalbauten stellte Augsburg die Triften auf dem Lech nach 1568 ein.

Die Stadt Lechhausen wurde 1913 nach Augsburg eingemeindet. Hier erinnern heute zwei Stationen an die Flößerei. 2019 wurde am Lechufer der Flößerpark eröffnet: An heißen Sommertagen ist er ein Ziel für Familien mit Kindern. Fünf Gehminuten vom Flößerpark entfernt hält der 1966 aufgestellte und jederzeit zugängliche Flößerbrunnen, ein Bronzekunstwerk des Bildhauers Theo Bechteler, im Hof der Schillerschule die Erinnerung an die Lechhauser Floßlände wach.

Das Trinkwasserschutzgebiet im Stadtwald Augsburg sichert die Qualität der Augsburger Wasserversorgung. Hier streichen bis heute reine Grundwasserströme in Quelltöpfen aus.

Trinkwasser für fünf Großstädte Bayerns

Schadstoffeinträge im Lech (zum Beispiel durch die papiererzeugende und die chemische Industrie in Augsburg und Gersthofen), Belastungen durch steigende Einwohnerzahlen sowie durch die Landwirtschaft hatten vor allem die Wasserqualität nördlich des bayerisch-schwäbischen Wirtschaftszentrums bis in die 1970er Jahre stark beeinträchtigt. Umweltschutzmaßnahmen – zum Beispiel der Ausbau des Klärwerks der Stadt Augsburg – haben bewirkt, dass der Fluss heute als ein relativ reines Gewässer gilt.

Bis Füssen hat der Lech die Gewässergüte I–II (gering belastet). Bis Augsburg führt ihn das Umweltbundesamt in der Güteklasse I–II (gering belastet) oder II (mäßig belastet) auf. Direkt nach dem Ballungsraum Augsburg – nach der Mündung der Wertach – hat der Lech für ein kurzes Teilstück

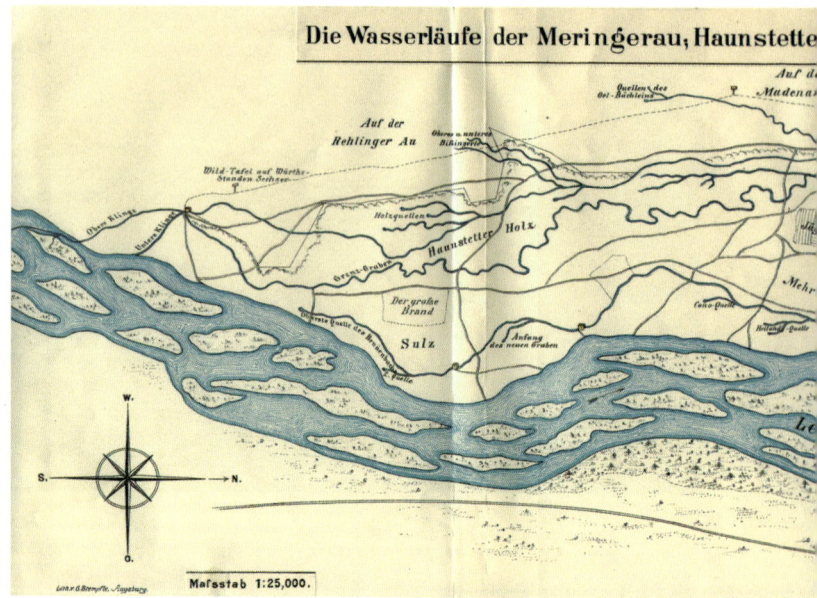

Die Wasserläufe der Meringerau, Haunstette

Maßstab 1:25,000.

Aus Bächen südlich von Augsburg versorgte sich die Stadt schon in früheren Jahrhunderten mit hochwertigem Trinkwasser. Das Treibwasser für die Lechkanäle staute man durch das Wehr am Hochablass (rechts, nahe der Friedberger Brücke) über zwei Anstiche aus.

die Gewässergüte II – III (kritisch belastet). Danach weisen die Flusskilometer bis zur Mündung die Gewässergüte II auf.

Grundwasserströme begleiten den Unteren Lech flussabwärts. Für die Großstadt Augsburg hat der großräumige Schutz seines Wassereinzugsgebiets bei der Trinkwassergewinnung herausragende Bedeutung. Im Süden der drittgrößten Stadt Bayerns fließt der Lech östlich am Trinkwasserschutzgebiet im Stadtwald Augsburg vorbei. Der Stadtwald Augsburg ist das größte Naturschutzgebiet Südbayerns außerhalb der Alpen.

Das oberflächennahe Grundwasser in den westlichen Lechauen wird durch Flächenaufkäufe, Aufforstung und mit Landwirten vertraglich vereinbarte extensive Bewirtschaftung

d des Siebentischwaldes (18. Jahrhundert.)

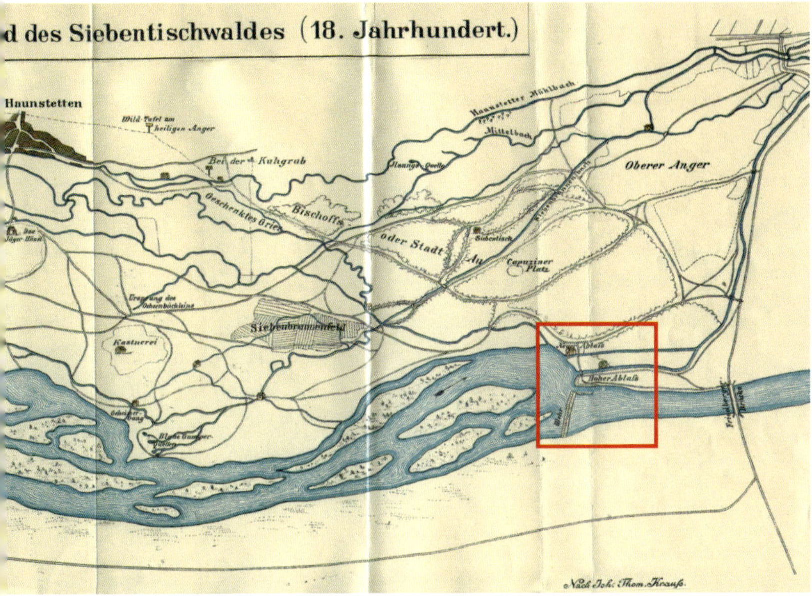

Die Fernleitung des „Zweckverbands Wasserversorgung
Fränkischer Wirtschaftsraum"
führt vom Lechtal in den
Ballungsraum Nürnberg-Fürth-
Erlangen und in weitere nordbayerische Wassermangel-
gebiete. Grundwasser wird
bei Genderkingen in den
Scheitelbehälter Graisbach
gepumpt: Von dort fließt es
bis nach Mittelfranken.

geschützt. Das Augsburger Trinkwasser hat bis heute – natur-
belassen – höchste Qualität: Es hat deshalb deutschlandweit
auch den günstigsten Preis.

Ab 1966 wurden nahe der Mündung des Lechs in die Donau
bei Genderkingen im Landkreis Donau-Ries vom dafür gegründeten „Zweckverband Wasserversorgung Fränkischer
Wirtschaftsraum" nur zwölf Meter tief in der Erde strömende
ergiebige Grundwasserleiter erschlossen. Das Wasser wird in
den Scheitelbehälter in Graisbach am nördlichen Donauufer
gepumpt. Durch die Fernleitung des Zweckverbands werden
seit Juli 1973 die fränkischen Großstädte Nürnberg, Fürth
und Erlangen mit Trinkwasser versorgt. Neben diesem mittel-
fränkischen Ballungsraum mit fast einer Million Einwohnern
können über das nordbayerische Verbundsystem mit mehr
als 35 Pumpwerken auch die Wassermangelgebiete in Mittel-,
Ober- und Unterfranken – darunter die Großstadt Würzburg
und die Städte Kronach und Gunzenhausen – mit Trinkwasser
aus dem Mündungsgebiet des Lechs beliefert werden.

*Wenige Kilometer vom Zusammenfluss von Lech
und Donau entfernt werden bei Genderkingen
ergiebige Grundwasservorkommen für die Versorgung weiter Teile Frankens erschlossen.*

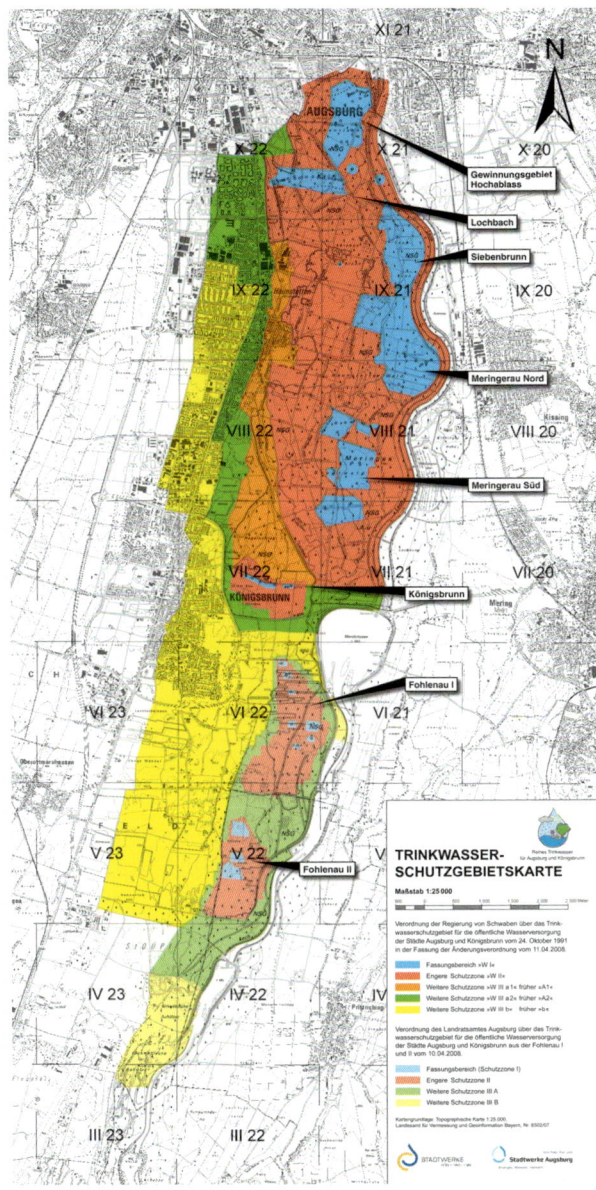

Auf die Qualität des Trinkwassers und auf Wasserhygiene wurde in Augsburg schon in Reichsstadtzeiten geachtet. Heute erstreckt sich das Trinkwasserschutzgebiet am Lech entlang weit in Richtung Süden.

*Die Karte zeigt den Lauf des Lechs zwischen
Augsburg und dem altbayerischen Friedberg.*

Die Reichsstadt Augsburg und Bayern stritten im „Wasserkrieg" um den Lech

Um 1257 errichtete der Wittelsbacherherzog Ludwig „der Strenge" zum Schutz der bayerischen Grenze gegen Augsburg eine Burg in Friedberg. Immer wieder kam es zu juristischen und auch bewaffneten Auseinandersetzungen zwischen dem Herzogtum Bayern und der benachbarten schwäbischen Reichsstadt, unter denen Friedberg oftmals schwer zu leiden hatte. Die Konflikte entzündeten sich auch im Streit um das Lechwasser.

Einmal ließ ein Friedberger Stadtpfleger die Dämme der Reichsstadt am Lech einreißen, die Flusswasser in die Lechkanäle leiteten. Im sogenannten „Wasserkrieg" schnitten die Bayern Augsburg am 31. Januar 1596 mit einem Damm das Lechwasser ab. Erst als sich die Reichsstadt militärisch zur Wehr setzte, 260 Schützen aufmarschieren ließ und 300 Söldner angeworben hatte, endete dieser Streitfall mit einem gütlichen Vergleich.

Das Mercateum in Königsbrunn zeigt die Bedeutung der Straßen auf dem Lechfeld.

Der größte historische Globus der Welt erklärt die Handelsroute auf dem Lechfeld

Im 16. Jahrhundert führte der wichtigste süddeutsche Handels- und Kommunikationsweg über das Lechfeld. Er leitete über die Alpen nach Venedig, von wo deutsche Kaufleute Waren bis aus Indien importierten. Eine zehn Meter hohe Weltkugel im Stadtzentrum von Königsbrunn erklärt die Bedeutung dieser Handelsroute. Für den weltweit größten historischen Globus wurde die 1,7 Quadratmeter große Oberfläche einer Weltkarte von 1529 auf rund 450 Quadratmeter vergrößert. Die im Inneren begehbare Weltkugel des Museums Mercateum zeigt eine im Auftrag der Bayerischen Staatsregierung gestaltete Ausstellung zu dieser einst so stark genutzten Verkehrsader. Augsburg und Landsberg, Schongau und Füssen profitierten von ihrer Lage an der Handelsroute und am Transportweg Lech. Wo heute die Stadt Königsbrunn liegt, erstreckten sich bis ins 19. Jahrhundert – zwischen Augsburg und Landsberg – fast baumfreie Lechheiden.

Der Blick auf Schloss Neuschwanstein und auf Gipfel der Allgäuer Alpen: Im „Königswinkel" bei Füssen spielt der Tourismus eine ganz entscheidende wirtschaftliche Rolle.

Tourismus, Naherholung und Welterbe im Lechtal

Der Franzose Michel de Montaigne schilderte in seinem Reisebericht von 1580/81 (erschienen 1774) eine Floßfahrt zwischen Füssen und Augsburg, das er als die schönste Stadt Deutschlands beschrieb. Zum Massenphänomen entwickelte sich das Reisen aufgrund der fortschreitenden Motorisierung allerdings erst nach dem Zweiten Weltkrieg. Heute ist der Tourismus – zum Beispiel im Allgäuer „Königswinkel" in der Füssener Bucht – ein unverzichtbarer Wirtschaftszweig.

Die Stadt Füssen verzeichnet annähernd 1 200 000 Übernachtungen im Jahr, selbst die 3300-Einwohner-Gemeinde Schwangau zählt beinahe 700 000 Übernachtungen. Von der Talstation der Tegelbergbahn in Schwangau – seit 1968 in Betrieb – fahren stündlich bis zu 460 Fahrgäste ab. Mit Schloss Neuschwanstein steht Deutschlands weltweit bekanntestes

Die Städtische Forggenseeschifffahrt Füssen befördert von Anfang Juni bis Mitte Oktober Fahrgäste auf dem fünftgrößten See Bayerns. Der Forggensee ist die Lechstaustufe 1.

Reiseziel im Lechtal. Neuschwanstein, die Wieskirche und Augsburg sind Stationen der Romantischen Straße, die 1950 am Lech – in Augsburg – aus der Taufe gehoben wurde. Die weltweit bekannte Ferienroute verläuft südlich von Donauwörth über Rain, Augsburg, Friedberg, Landsberg, Schongau, Peiting, Halblech und Schwangau zumeist durch das Lechtal bis Füssen. Die Via Claudia Augusta führt seit den 1990er Jahren zwischen Füssen und Donauwörth durch das Lechtal. Beide Ferienrouten können auf Radwegen – streckenweise direkt am Lech – absolviert werden. Das Naturerlebnis Lechmündung wird vom Ferienland Donau-Ries mit einer Lech-Donau-Runde – als Radtour wie als Wanderweg – vermittelt. Zwischen Füssen und Augsburg verläuft der insgesamt 119 Kilometer lange Lechradweg.

Mit den Lechstaustufen entstanden zwischen 1954 und 1983 mehrere Seen für die Naherholung und den Tourismus. Die 1955 gegründete Forggenseeschifffahrt in Füssen befördert auf der Staustufe 1, bei Vollstau der fünftgrößte See Bayerns,

Durch das Lechtal und zum Teil direkt am Lech verläuft die Radroute der Via Claudia Augusta – hier vorbei am Replikat eines römischen Meilensteins bei Untermeitingen.

Anlässlich der Olympischen Sommerspiele von München, Augsburg und Kiel im Jahr 1972 entstand am Lech die erste künstliche Kanuslalom-Wildwasserstrecke der Welt. Seit 2019 zählt die Anlage zum UNESCO-Welterbe.

Seit dem Jahr 1950 führt die Romantische Straße auf ihrem Abschnitt zwischen Donauwörth und Füssen durch das Lechtal. Einer der Höhepunkte der weltweit bekannten Ferienstraße ist die Renaissancestadt Augsburg, wo Touristen die Verkörperung des Lechs auf dem Beckenrand des Augustusbrunnens – der heute Teil des UNESCO-Welterbes ist – sehen.

jährlich 100 000 Fahrgäste. Am Forggensee und an der Staustufe 3 (Urspring) findet man Campingplätze. Baden, Segeln und Surfen kann man auch an den Staustufen 6, 18 und 23.

Für die Olympischen Sommerspiele von München, Augsburg und Kiel wurde 1972 am Augsburger Hochablass die erste künstliche Kanuslalom-Wildwasserstrecke der Welt gebaut. Die bis heute regelmäßig für nationale und internationale Wettbewerbe genutzte Kanuslalom-Strecke am Eiskanal zählt zum UNESCO-Welterbe „Augsburger Wassermanagement-System". Mit dem Rokokojuwel Wieskirche (seit 1983) nahe Steingaden, den Relikten einer prähistorischen Pfahlbautensiedlung in Pestenacker (2011) und dem „Augsburger Wasser-management-System" (2019) ist das geschichtsträchtige Lechtal dreimal auf der Liste des UNESCO-Welterbes vertreten.

*Wasser aus Lechanstichen, aber auch aus
der Wertach und aus Quellbächen trieben in
Augsburg hunderte Wasserräder an.*

Lechkanäle: Kraftquelle und „Kühlsystem"

Lechkanäle prägten Augsburgs Handwerks- und Industrie-
geschichte sowie das Stadtbild in der Handwerkeraltstadt.
Vier Lechkanäle durchziehen bis heute das Ulrichs- und Lech-
viertel – der Schwallech, der Vordere, Mittlere und Hintere
Lech. Diese Kanäle sind ein zentrales Element des UNESCO-
Welterbes „Augsburger Wassermanagement-System".

1276 zählte man in Augsburg zehn Getreidemühlen. Nicht
nur Müller, sondern auch zahlreiche weitere Handwerker nutz-
ten jahrhundertelang die Antriebskraft der Kanäle für Eisen-
hämmer, Sägewerke, Tuchwalken, Papier-, Gewürz-, Tabak-,
Schleif- und Poliermühlen. Wasser vom Lech, von der Singold
(nach 1588 aus dem Senkelbach) und aus Quellbächen trieb
hier mehr Räder an als in jeder anderen süddeutschen Stadt.
1846 drehten sich hier 236 hölzerne Räder von insgesamt
131 Werken. Allein das am Hochablass ausgestaute Wasser

Die Personifikation des Brunnenbachs sitzt auf dem Beckenrand des welterbewürdigen Augsburger Augustusbrunnens. Dass dieser Trinkwasserkanal einen solch prominenten Platz bekam, lag an seiner Bedeutung für die bevölkerungsreiche Reichsstadt.

versorgte 138 Räder und erste Turbinen von 80 Maschinen mit Antriebskraft. Dem Vorderen Lech ließ Stadtwerkmeister Elias Holl ein neues Kanalbett graben, um darüber ein Bauwerk für den Fleischverkauf zu errichten: Das kühlende Kanalwasser durchzog das Gewölbe der bis 1609 entstandenen Stadtmetzg und hielt so die Ware auf den Fleischbänken frisch. Deshalb zählt heute auch die damals innovative Stadtmetzg zu den Denkmälern des Augsburger UNESCO-Welterbes.

Der Vordere Lech entsorgte Blut und Schlachtabfälle aus der am Rand der Stadt gelegenen Stadtmetzg. Im Lechviertel war es wegen der vielen Wasserräder aber untersagt, Abfälle, Fäkalien oder Bauschutt über die Kanäle zu entsorgen. Jahrhunderte vor anderen Städten achtete Augsburg schon früh streng auf die Wasserhygiene: Das Flusswasser in den Treibwasserkanälen blieb streng vom Trinkwasser getrennt. Das Trinkwasser für das Wasserwerk am Roten Tor lieferte (bis

*Treibwasser aus dem Lochbach – einem Lech-
anstich südlich von Augsburg – fließt auch
heute noch durch das Wasserwerk am Roten
Tor. Bis 1840 strömte hier – nur durch eine
hölzerne Scheidewand abgetrennt – auch das
Trinkwasser aus dem Brunnenbach über ein
Aquädukt in das ab 1434 und dann bis 1879
betriebene größte Wasserwerk der Stadt.*

*Skizzen und Publikationen des Augsburger
Stadtbrunnenmeisters Caspar Walter dokumen-
tierten die Mitte des 18. Jahrhunderts in den
Wassertürmen eingesetzten „Wasserkünste".*

1840) der Brunnenbach: Dieser künstlich gegrabene Kanal sammelte das Wasser von Quellbächen im Süden der Stadt. Alle anderen Wasserwerke hoben das Trinkwasser aus Speisebrunnen, die von Grundströmen gefüllt wurden. Das Trinkwasser wurde mit Wasserkraft in die Türme gehoben: Ab 1413 schuf Augsburg mit kunstvollen Wasserhebeanlagen seine europaweit bewunderte Trinkwasserversorgung. Publikationen wie die „Hydraulica Augustana" (1754) des Stadtbrunnenmeisters Caspar Walter haben die Hebetechniken überliefert.

Auch in Füssen, Schongau und Landsberg wurden Wehre und Mühlbäche gebaut. In Füssen ließ man um das Jahr 1785 ein Wehr am Lechfall errichten: Durch den Fels der Lechschlucht wurde ein Stollen für die Ableitung des Mühlbachs getrieben. Aus vier Mühlen in Schongau – 1887 von den Gebrüdern Haindl aus Augsburg für ihre „Holzstoff-Fabrik" erworben – entwickelte sich eine der größten Papierfabriken der Welt. An der Ostseite des Landsberger Karolinenwehrs wird der 1390 erstmalig erwähnte Mühlbach ausgestaut: Auch dort hat man einen Treibwasserkanal durch die Stadt geleitet.

Der Vordere Lech durchfloss das Kellergewölbe der vom Stadtwerkmeister Elias Holl bis 1609 errichteten Augsburger Stadtmetzg. Wo der Lechkanal damals die Fleischbänke kühlte, lagern heute Akten der Stadtverwaltung.

Eine Malerei in der Scheuringer Kirche zeigt,
wie gefährlich Lechhochwasser sein konnten.

Ein Gemälde in Scheuring erinnert
an ein Unglück und an die Lechfähren

Ein zeitgenössisches Ölgemälde in der Martinskirche
in Scheuring erinnert an ein Fährunglück im Jahr 1831,
bei dem aufgrund einer Hochwasserwelle fast 40 Wall-
fahrer ertranken. Fähren waren am Lech überall dort
üblich, wo ein Brückenbauwerk zu teuer gewesen wäre –
also vor allem an den Ufern nahe der Lechmündung,
wo es nur wenige Schmalstellen und selten einen festen
Untergrund gab. Zwischen dem 17. und 19. Jahrhundert
waren Fähren am Lech besonders häufig.

Von Tirol bis zur Mündung in die Donau wurden mehr als
30 Fährverbindungen gezählt. Sie wurden von Fischern,
Müllern, Sägmüllern oder Wirten betrieben. Da der Lech
auch Landesgrenze war, wurde der Fährbetrieb bis 1806
auf den Personentransport beschränkt, um Schmuggel
zu verhindern. Im 20. Jahrhundert setzten noch fünf
Fähren über, die letzte wohl in den 1950er Jahren.

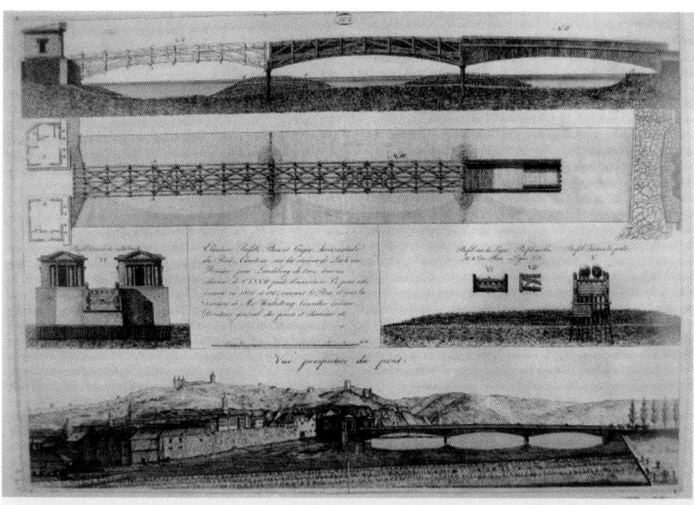

Pläne der mehrfach abgerissenen und wieder errichteten Landsberger Karolinenbrücke.

Beinahe tausend Jahre Geschichte: eine Lechbrücke in Landsberg

Die Römer bauten die ersten Brücken über den Lech. Heute werden von der Quelle bis zur Mündung mehrere Dutzend Brückenbauwerke gezählt. Immer noch sind sie von den reißenden Fluten der Lechhochwasser bedroht. Auch der Neubau der Autobahnbrücke bei Gersthofen drohte beim Augusthochwasser von 2005 einzustürzen.

Wie mühsam und aufwendig der Brückenbau früher war, zeigt die Geschichte der Landsberger Karolinenbrücke. Eine erste Landsberger Brücke wurde 1163 erwähnt. Im Dreißigjährigen Krieg wurde eine hölzerne Brücke niedergebrannt. 1637 riss ein Hochwasser einen neuen Steg mit. 1806 wurde die erste Karolinenbrücke gebaut, 1815 wieder abgerissen und neu errichtet, danach 1853, 1869 und 1930 erneuert oder erweitert. Im Zweiten Weltkrieg sprengten US-Truppen 1945 diese Brücke. 1952 entstand sie neu – 1988 wurde dieser Bau schon wieder ersetzt.

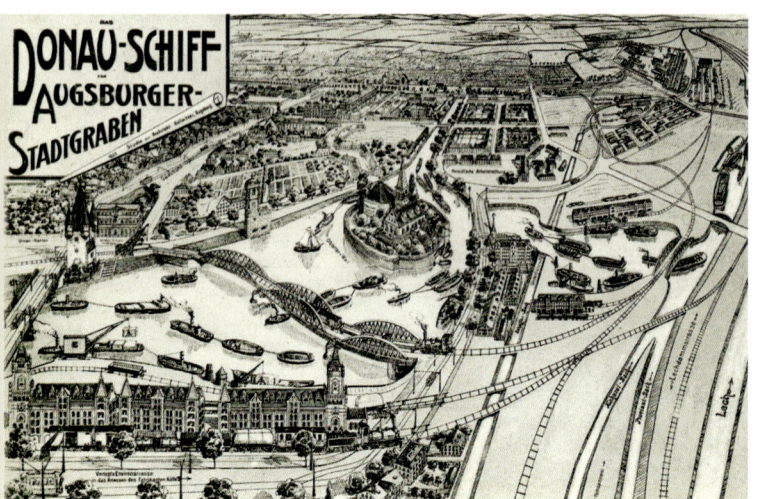

Um 1900 plante der Architekt Karl Albert
Gollwitzer einen Industriehafen im Osten
der Augsburger Altstadt. Er sollte durch einen
Lechkanal mit der Donau verbunden werden.
Gollwitzers Pläne zur Schiffbarmachung des
Lechs wurden jedoch nie verwirklicht.

Hafen, Wehre, Bäche und Kanäle

Gebaut und verbaut wurde am Lech schon seit der Römer-
zeit. Um Steinquader aus Steinbrüchen südlich von Augsburg
sowie – lechaufwärts – von der Schwäbischen Alb und der
Fränkischen Alb transportieren zu können, bauten die Bewohner von Augusta Vindelicum eine kleine Hafenanlage am
Lech. Relikte einer spätantiken hölzernen Hafenmole aus dem
3. Jahrhundert – bisher die einzige in Bayern entdeckte – sind
in einer Ausstellung im Augsburger Zeughaus zu sehen.

Kleinere Flussverbauungen zum Schutz von Siedlungen entlang des Lechs waren früh üblich. Bereits im Mittelalter kam
es aber zu tiefgreifenden Wasserbaumaßnahmen: Ein Beispiel
dafür sind der Augsburger Hochablass und die Lechkanäle.

Kreuz und quer leiten die Bewohner Augsburgs das Wasser der Lechkanäle seit Jahrhunderten durch ihre Altstadt.

„Die vom Hochablaß und dem Wertachwehr kommenden Werkkanäle" zeigt dieser Plan Augsburgs aus der Vogelperspektive, der die große Zahl der Lechkanäle und Stadtbäche veranschaulicht.

Den Hochablass soll es seit der Zeit um das Jahr 1000 geben. Gesichert ist er seit 1346 bekannt. Mit aus Holz und Steinen konstruierten – öfter zerstörten – Stauwehren leitete Augsburg Wasser in die Stadt ab. 1462 erlaubte ein Freiheitsbrief Kaiser Friedrichs III. der Reichsstadt Augsburg, so viel Wasser abzuzweigen wie benötigt. Der Hochablass entstand – als das zerstörte Wehr 1910 während einer Hochwasserkatastrophe gesprengt wurde – 1911/12 als Stahlbetonkonstruktion neu.

Im Augsburger Stadtbuch von 1276 hießen alle Stadtbäche und Lechkanäle „Laech". Dieses immer weiter ausgebaute Aderngeflecht der Kanäle ist in 800 Jahren gewachsen. Rechnungen für Arbeiten an Kanälen liegen seit 1320 vor. 1840 trieb vor allem das am Hochablass abgeleitete Flusswasser, aber auch Wasser aus Quellbächen, aus der Singold und der Wertach die Wasserräder und erste Turbinen an. Heute ziehen sich 29 Lechkanäle mit 78 Kilometern sowie 19 in den Lechauen entspringende Quellbäche mit 46 Kilometern Länge durch Augsburg. Zusammen mit den Wertachkanälen, den

Seit dem Mittelalter gibt es das Stauwehr, den „Hohen Ablass", mit dem Lechwasser in die Kanäle Augsburgs geleitet wird. Die heutige Stahlbetonkonstruktion des Hochablasses entstand erst nach einem katastrophalen Hochwasser im Jahr 1910.

Vier Kanäle durchziehen das Augsburger Lechviertel von Süden nach Norden. Zum Teil wurden sie erst bei der Altstadtsanierung in den 1980er Jahren wieder aufgedeckt.

Bächen an der Wertach sowie den Flüssen Lech, Wertach und Singold durchziehen rund 200 Kilometer Gewässer die Stadt.

Flusswasser und Quellwasser befüllten auch den schützenden Graben vor der östlichen Augsburger Stadtmauer. Dort – im Äußeren Stadtgraben – hatte der Architekt Karl Albert Gollwitzer um 1900 einen Industriehafen für Donauschiffe geplant. Ein Hafenbecken bei der heutigen Kahnfahrt hätte über einen weiteren Kanal mit dem (schiffbaren) Gersthofer Kraftwerkskanal verbunden werden sollen. Doch dieser Plan scheiterte ebenso wie ein später projektierter Lechhafen bei Lechhausen und andere Planungen zur Flussschifffahrt.

1920/21 hatte man zum Beispiel die Anbindung des Lechs an den Main-Donau-Kanal vorgesehen. Letzte Konzeptionen für eine Schiffbarmachung des Lechs zumindest bis nach Gersthofen oder sogar für die Anbindung der „Hafenstadt Augsburg" wurden erst 1984 – seinerzeit allerdings wohl endgültig – zu den Akten gelegt.

*1902 ging kurz vor der Mündung der Wertach
in den Lech das Wasserkraftwerk auf der Wolfzahnau in Betrieb. Seine Turbinen treibt der
Vereinigte Stadt- und Proviantbach an, der das
Wasser aller Augsburger Lechkanäle aufnimmt.*

Turbinen, Transmissionen und frühe Stromerzeugung

Turbinen spielten bei der Ansiedlung von Textilfabriken wie
der 1836 gegründeten Augsburger Kammgarn-Spinnerei am
Schäfflerbach oder für das Wachstum metallverarbeitender
Unternehmen wie der C. Reichenbach'schen Maschinenfabrik
(ab 1857 Maschinenfabrik Augsburg) am Malvasierbach eine
entscheidende Rolle. Die Kattundruckerei Schöppler & Hart-
mann am Sparrenlech bekam 1839 den Austausch eines Rads
durch eine Turbine genehmigt. Die Mechanische Baumwoll-
Spinnerei und Weberei AG setzte ab 1840 zwei Turbinen ein,
die vom Wasser des Proviantbachs angetrieben wurden.

Turbinen erzielten die mehrfache Leistung der herkömmlichen
unterschlächtigen Wasserräder. Unternehmer aus Franken und
Württemberg, aus dem Elsaß und der Oberpfalz siedelten sich

*Die Mechanische Baumwoll-Spinnerei und
Weberei in Augsburg war 1840 die größte
Fabrik Bayerns. Das Baumodell sieht man
heute im Staatlichen Textil- und Industrie-
museum (tim). Von der einst riesigen Fabrik
ist nur noch das Turbinenhaus erhalten.*

deshalb mit Fabriken in Augsburg an. Wasserkraft – „weiße
Kohle"– war im revierfernen Süddeutschland die weitaus
günstigste und zudem verlässlichste Energieform, um über
die mechanische Kraftübertragung Webstühle und andere
Maschinen anzutreiben. Vor allem im Osten und Norden von
Augsburg, vor der (ab 1860 abgetragenen) Stadtmauer entstanden riesige Fabrikareale und viele Turbinenhäuser über
den Kanälen. 1847 baute die C. Reichenbach'sche Maschinenfabrik in Augsburg die erste Wasserturbine Deutschlands.

Strom erzeugende Wasserkraftwerke entstanden in und bei
Augsburg relativ spät. Weil in Augsburg Wasserkraft überreich
nutzbar war, setzten Fabrikanten noch Jahrzehnte nach dem
Bau des ersten Strom erzeugenden Wasserkraftwerks in der
Schweiz (1879) auf die mechanische Kraftübertragung. Auch
die Stadtverwaltung hatte an einer Flächenversorgung mit
Strom wenig Interesse: Die Stadt besaß seit 1907 selbst zwei

zuvor privatwirtschaftlich betriebene Gaswerke, die seit 1848 beziehungsweise 1863 Leuchtgas für die Straßenbeleuchtung, für Privathaushalte, Gewerbe und Industrie produziert hatten. 1915 wurden diese Gaswerke durch das neu errichtete große städtische Gaswerk im eingemeindeten Oberhausen ersetzt.

Ab 1882 nutzte die Augsburger Kammgarn-Spinnerei erstmals Strom für die Fabrikbeleuchtung. Strom sorgte ab 1882 auch im Hotel „Drei Mohren" und ab 1886 im Gögginger Kurhaus Friedrich Hessings für Licht. August Riedinger installierte 1886 Augsburgs erste Fernleitung für elektrische Energie. Dieser Strom wurde jeweils von Dampfmaschinen – sogenannten „Dynamomaschinen" – generiert. Ein erstes kleines Strom erzeugendes Wasserkraftwerk entstand 1895 in Göggingen. Erst 1902 ging im damaligen Augsburger Stadtgebiet das früheste Strom erzeugende Wasserkraftwerk in Betrieb, das die Augsburger Baumwoll-Spinnerei am Nordende der Wolfzahnau – kurz vor der Mündung der Wertach in den Lech – errichtet hatte. Das Kraftwerk diente nur der Eigenversorgung: Dies galt auch für alle anderen Kraftwerke, die sukzessive für die Stromerzeugung umgerüstet wurden. Sämtliche für den

1836 siedelte Friedrich Merz seine Fabrik von Nürnberg nach Augsburg um: So entstand die Augsburger Kammgarn-Spinnerei AG am Schäfflerbach, heute Standort des Staatlichen Textil- und Industriemuseums Bayern (tim).

Betrieb der Transmissionen erbauten Turbinenhäuser wurden nach und nach in Strom erzeugende Wasserkraftwerke umgewandelt, stets zunächst nur für den Eigenbedarf der Fabriken.

Im Oktober 1901 ging das damals größte Wasserkraftwerk Bayerns in Gersthofen in Betrieb. Auch dieses Kraftwerk an dem ab 1898 gegrabenen Lechkanal nördlich der Augsburger Stadtgrenzen sollte in erster Linie eine benachbarte Fabrik (die „Filialfabrik Meister Lucius & Brüning", später Farbwerke Hoechst) mit Strom versorgen. Doch mit dem Gersthofer Kraftwerk begann die Elektrifizierung der gesamten Region. 2019 wurde dieses Wasserkraftwerk der Lechwerke AG (wie neun weitere Wasserkraftwerke) Teil des UNESCO-Welterbes „Augsburger Wassermanagement-System". Sechs dieser Kraftwerke sind umgerüstete Turbinenhäuser: Allein das Wasserkraftwerk auf der Wolfzahnau sowie die drei Kraftwerke am Nördlichen Lechkanal – in Gersthofen, Langweid und Meitingen – waren von Anfang an für die Stromerzeugung geplant worden.

Zahlreiche Lechkanäle versorgten die Fabriken (rot markiert) mit Treibwasser. Transmissionen übertrugen dort die Kraft des Wassers – zum Beispiel über Seilgänge – auf die Maschinen.

*Landkarten aus der Zeit vor 1800 stellen den
Lech in der Regel noch nicht genordet dar.*

In einer Vitrine des Lechmuseums Bayern finden Besucher eine ungewohnte Lechkarte

Land- und Flusskarten von der Frühen Neuzeit bis um
1800 stellen den Lech völlig unterschiedlich dar. Der
Vergleich dieser Karten deutet zugleich die Entwicklung
sowohl der Drucktechnik als auch der Kartografie an.
Die Flusskarten wurden erst zu Beginn des 19. Jahrhunderts vereinheitlicht. Weil der Lech bis 1806 ein Grenzfluss zwischen Schwaben und Bayern war, liegt er auf
den Landkarten vor dieser Zeit in der Regel am Rand.

In der Werkstatt der niederländischen Kartografen-
familie Blaeu erschien im Jahr 1636 die erste Ausgabe
des „Novus Atlas". Die nicht genordete, handkolorierte
Karte mit dem Titel „Alemannia sive Suevia Superior"
stellt Schwaben zwischen der Donau und den Alpen in
den Mittelpunkt. Ein Kupferstich von Johann Christoph
Hurter zeigt den vollständigen Flusslauf des Lechs vom
Quellgebiet in Vorarlberg bis zur Mündung in die Donau.

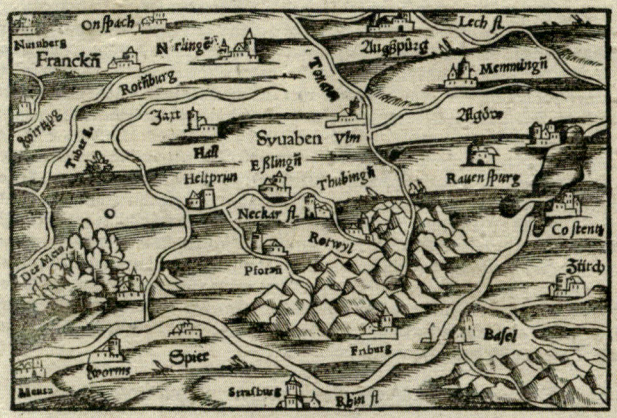

Von dem Teütschen Land. dccj

Von dem Schwaben land vnd sei-
nen fürnemen Stetten vnd Flecken/Herschaff-
ten vnd Fruchtbarkeit. Cap. ccrcvij.

Nur sehr schematisch deutet die Karte „von dem Schwaben land" aus Sebastian Münsters berühmter „Cosmographia" den am rechten oberen Druckrand dargestellten Lech an. Der Grenzfluss lag auf den vor 1806 gedruckten Landkarten fast immer am Rand.

Ein Holzschnitt aus Sebastian Münsters „Cosmographia"

Im Jahr 1544 entstand in Basel die Erstausgabe der „Cosmographia" des Geografen Sebastian Münster, 1628 erschien die letzte Ausgabe dieses Standardwerks. Ein Holzschnitt in einer Ausgabe um 1580 zeigt im Kapitel „Von dem Schwaben land und seinen fürnemen Stetten und Flecken/Herschafften und Fruchtbarkeit" den Lech am oberen Rand einer nicht genordeten Landkarte: Sie stellt die Landschaft zwischen dem Lech bei Augsburg und dem Rheintal bei Straßburg dar.

Eine „Karte" für den Richter – der Lech bei Füssen

1553 schuf der Augsburger Maler Christoph Amberger die Federzeichnung „Contrafactur der strittigen Lechgebew zu Fuessen". Diese „Karte" diente während eines Prozesses zwischen dem Hochstift Augsburg und der Reichsherrschaft Schwangau als Vorlage für das Gericht. Vor der Entwicklung der Kartografie wurde der Lech nach dem Augenschein dargestellt: Man zeigte den Flusslauf aus der Vogelperspektive. Christoph Amberger, der 1530 in die Augsburger Malerzunft aufgenommen worden war, war ein herausragenden Künstler seiner Zeit. Er porträtierte Kaiser Karl V. und dessen Augsburger Rat Konrad Peutinger, aber auch Angehörige der Augsburger Familien Fugger und Welser. Eine weiße Porträtbüste, die den Maler Christoph Amberger darstellt, wurde in der bis 1853 erbauten Ruhmeshalle in München aufgestellt.

Da der reißende Gebirgsfluss Lech bei starken
Hochwassern immer wieder sein Flussbett bis-
weilen um mehrere hundert Meter verlagerte,
kam es wegen der damit einhergehenden
Grenzverschiebungen, Geländeverluste und
-gewinne zu zahlreichen Rechtsstreitigkeiten.
Die Richter bemühten sich damals nicht vor
Ort: Sie ließen sich den Streitgegenstand
auf dem Weg über die nur zu diesem Zweck
gemalten Augenscheinkarten erläutern.

Der Lech als Grenzfluss
zwischen Schwaben und Bayern

Um 1720 entstand der zweiteilige Kupferstich mit der
Karte „Der Lech=Fluss von Füesßen im Algöw an ‚Bis zu
seinen Auslauff in die Donaw". Gabriel Bodenehr d. Ä.,
der Angehörige einer bekannten Kupferstecherfamilie
in Augsburg, fertigte diese handkolorierte Landkarte.
Sie hebt sowohl durch die in zwei unterschiedlichen
Farben markierten Flussufer als auch durch die Unter-
scheidung in „Das Schwaebische Lechfeld(t)" und „Das
„Bayerische Lechfeldt" die Rolle des Flusses als die am
Nördlichen Lech rund tausend Jahre lang bestehende
Grenze zwischen Schwaben und Bayern hervor. Diese
Karte lässt auch erkennen, dass das Lechfeld südlich
der Reichsstadt Augsburg lediglich dünn besiedelt war.

Den Verlauf des noch ungezähmten Lechs zwischen dem nördlichen Alpenrand nahe Füssen und der Mündung in die Donau unweit von Rain (Rhain) und Niederschönenfeld (Schönefelt) bildet dieser von Hand kolorierte Kupferstich ab. Er stellt (auf beiden Kartenausschnitten) jeweils oben – also westlich des Lechufers – das schwäbische Lechfeld sowie unten – östlich des Lechufers – das bayerische Lechfeld dar. Der Fluss war lange Zeit nicht bloß eine Landesgrenze, sondern auch eine Sprach- und Kulturgrenze. Im konfessionellen Zeitalter trennte der Lech sogar das streng katholische Herzogtum Bayern vom überwiegend protestantisch gesinnten Schwaben.

*Zwei Straßenkarten vom Ende des 18. Jahr-
hunderts zeigen den Verlauf der Chaussee von
Augsburg über das Lechfeld bis nach Füssen.*

Der Lech auf einer Straßenkarte vom Ende des 18. Jahrhunderts

Zwei Kupferstiche zeigen die „Chaussee von Augsburg
über Schongau nach Füssen" auf dem Lechfeld. Diese
Straßenkarten schuf der Wasser-, Brücken- und Straßen-
baucommissar Adrian von Riedl, seit 1766 kurfürstlicher
Landgeometer. Von 1796 bis 1805 veröffentlichte er den
„Reise Atlas von Baiern. oder Geographisch-geometrische
Darstellung aller bairischen Haupt- und Landstrassen mit
den daranliegenden Ortschaften und Gegenden nebst
kurzen Beschreibungen alles dessen, was auf und an
einer jeden der gezeichneten Strassen für den Reisenden
merkwürdig seyn kann." in fünf Bänden. Adrian von Riedl
gab bald darauf seinen „Stromatlas von Baiern" heraus.

Im 19. Jahrhundert zeigten Landkarten noch den vor und nach Augsburg vielarmigen Lech.

Landkarten des Lechtals zeigen den noch ungebändigten Lech

Auf zwei kolorierten Landkarten aus der Zeit um 1845 erkennt man die bis dahin unbegradigten Flussschleifen und zahlreiche Kiesbänke der beiden Gebirgsflüsse Lech und Wertach. Diese beiden Karten verdeutlichen die Topografie der Flusslandschaft südlich wie nördlich von Augsburg: Zu beiden Seiten der Schotterterrasse des Lechfelds zogen sich die Flussauen bis zur Stadt. Die riesigen Fabrikkomplexe vor der Stadtmauer sollten erst wenige Jahre später entstehen. Am Unteren Lech begannen die Flusskorrektionen im Jahr 1852, südlich der Stadt Augsburg sogar erst 1925.

Wasserkraft am Lech

Der Anfang waren die Lechwerke

*Historische Fotografie des Wasserkraftwerks
Gersthofen: Den Historismusbau errichtete
die Elektrizitäts-Actien-Gesellschaft vormals
W. Lahmeyer & Co. ab dem Jahr 1899.*

1894 bis 1902:
das erste Kraftwerk am Lech

In Gersthofen entstand ab 1899 das erste große Wasserkraftwerk am Lech. Die Elektrizitäts-Actien-Gesellschaft vormals
W. Lahmeyer & Co. (EAG) in Frankfurt am Main plante ab 1893
den Bau eines Kanalkraftwerks zur Stromerzeugung. Eine der
technischen Voraussetzungen dafür war die 1891 geglückte
Kraftstromübertragung von Lauffen am Neckar nach Frankfurt.

1894 erteilte das Bezirksamt Augsburg die Genehmigung
zum Bau eines Wasserkraft-Elektrizitätswerks, am 27. Februar
1896 stimmte das Bayerische Staatsministerium des Inneren
der Anlage eines Stauwehrs im Lech und eines Treibwasserkanals im Gemeindegebiet von Gersthofen zu. Anderthalb
Kilometer nach der Mündung der Wertach in den Lech entstand nun ein 80 Meter breites Stauwehr mit Floßgasse, das
Wasser in den 28,5 Meter breiten und zunächst vier Kilometer

langen Lechkanal lenkte. Das drei Kilometer kanalabwärts erbaute Kraftwerk konnte ein Gefälle von fast zehn Metern nutzen. 1898 wurde mit dem Kanalbau begonnen. Der 1892 gegründete „Verein zur Hebung der Fluß- und Kanalschiffahrt in Bayern" sah im Bauvorhaben die Chance für eine Schiff-fahrtsstraße entlang des Lechs. Darum wurde beim Wasser-kraftwerk eine 8,6 Meter breite Schleuse für Schiffe mit bis zu 1,8 Metern Tiefgang eingebaut. Am 2. Oktober 1901 war die Inbetriebnahme. Wenig später erzeugten fünf von 1900 bis 1902 vom Augsburger Werk der Maschinenfabrik Augs-burg-Nürnberg AG gelieferte Francis-Zwillingsturbinen fast 6000 Kilowatt Strom (effektive Leistung insgesamt 8000 PS).

Die Städte Lechhausen und Friedberg sowie die Gemeinden Oberhausen und Gersthofen waren die ersten Abnehmer. In der Hauptsache war das Wasserkraftwerk Gersthofen jedoch für ein Chemiewerk gebaut worden: Am 7. März 1902 begann

Die Wehr- und Schleusenanlage am Beginn des Gersthofer Lechkanals wurde Anfang des 20. Jahrhunderts sogar zum Postkartenmotiv. Die damals eingebaute Floßgasse war schon wenig später bedeutungslos geworden.

Lech-Elektrizitätswerke Augsburg erbaut 1899—1901 v. d. Elektr.-Akt.-Ges. vorm. W. Lahmeyer & Cie. Frankfurt a. M.

Wehr- und Schleusen-Anlage bei Gersthofen.

No. 889. Aufnahme & Verlag von Kutscher & Gebr. Augsburg.

Lech-Elektrizitätswerke Augsburg
erbaut 1899—1901 v. d. Elektr.-Akt.-Ges. vorm.
W. Lahmeyer & Cie. Frankfurt a. M.

Turbinenhaus mit Oberwasserkanal
bei Gersthofen.

Eine Postkarte mit dem Motiv des Kraftwerks zeigt zwar das Turbinenhaus mit dem Oberwasserkanal, den größten Teil des Fotomotivs nimmt jedoch die nie benutzte Schiffsschleuse ein. Damals wurde darüber diskutiert, den Lechkanal bis zur Donau schiffbar zu machen.

Im Stil des Historismus wurde das Wasserkraftwerk Gersthofen – heute ein Denkmal des UNESCO-Welterbes „Augsburger Wassermanagement-System" – errichtet.

Prinz Ludwig von Bayern, der spätere König Ludwig III., besichtigte im Mai 1901 die Großbaustelle am Lech in Gersthofen: Der Kanal, das Kraftwerk und das Chemiewerk wurden großteils parallel errichtet.

der Betrieb der seit 15. August 1900 errichteten „Filialfabrik Meister Lucius & Brüning" (aus der das Gersthofer Industrieunternehmen der Farbwerke Hoechst werden sollte). Diese Fabrik benötigte für die Herstellung von künstlichem Indigo in erheblichem Umfang günstigen Strom. Die Werksgründung leitete den Wandel des 950-Einwohner-Ortes Gersthofen zum „Industriedorf" ein. Das Dorf am Lech wuchs in den folgenden Jahrzehnten rasant. Heute ist Gersthofen eine Stadt mit mehr als 20000 Einwohnern: Sein Nukleus war das Kraftwerk.

Zu den Mitbegründern der späteren Lech-Elektrizitätswerke gehörte der Industrielle Heinrich von Buz. Er war 1857 in die Maschinenfabrik Augsburg eingetreten, sieben Jahre später leitete er sie als Direktor. Buz, der die Augsburger Localbahn mitbegründete, war dafür verantwortlich, dass seine Fabrik – die auch Pumpwerke und Druckmaschinen konstruierte – bis 1897 über 500 Wasserturbinen auslieferte. Und dort brachte Rudolf Diesel im selben Jahr seinen Motor zur Serienreife.

Eine kolorierte Anischtskarte des Wasserkraft-
werks Gersthofen: Ab 1899 wurde hier Strom
für die benachbarte Fabrik der Farbwerke
Hoechst AG und für erste Kommunen erzeugt.

1903 bis 1913:
die Anfänge der Lechwerke

Die Elektrizitäts-Actien-Gesellschaft vormals W. Lahmeyer &
Co. (EAG) wurde von Prof. Dr. Bernhard Salomon geführt.
Durch seine geschäftlichen Kontakte mit Dr. h. c. Walter vom
Rath – Aufsichtsratsvorsitzender der Farbwerke Hoechst AG
vorm. Meister Lucius & Brüning in Höchst am Main – kam die
Ansiedlung des Chemiewerks in Gersthofen zustande.

Das Chemiewerk bildete als Hauptabnehmer des im Kraft-
werk Gersthofen gewonnenen Stroms zunächst dessen wirt-
schaftliche Grundlage. Als 1903 die Lech-Elektrizitätswerke
Aktien-Gesellschaft – die heutige Lechwerke AG (LEW) – die
EAG als Eigentümer und Betreiber ablöste, wurde Prof. Dr.
Bernhard Salomon Aufsichtsratsvorsitzender und blieb es bis
1933. Unter Salomons Leitung wuchsen die Lechwerke rasch.
Zur Absicherung der Stromproduktion bei Wasserknappheit

*Die Baustelle des Wasserkraftwerks Langweid:
Im Hintergrund ist das erste Haus der damals
entstehenden Lechwerksiedlung zu sehen.*

und als Stromreserve errichteten die Lechwerke 1904 beim
Kraftwerk noch das Maschinenhaus für eine Dampfkraftanlage
(zwei Dampfdynamomaschinen mit jeweils bis zu 2000 PS).

Kurz nach der Fertigstellung des Wasserkraftwerks Gersthofen
kamen Pläne für den Bau eines weiteren Kraftwerks bei
Langweid auf. Am 25. September 1905 erhielten die Lechwerke die Konzession für dieses Vorhaben und begannen mit
dem Bau, dem die Verlängerung des Lechkanals vorausging.
Eine Schleuse für die Flößerei wurde gebaut, für die noch
immer geplante Schifffahrtsschleuse wurden Bettungsarbeiten
vorgenommen. In dem im Historismusstil errichteten Kraftwerk wurde ab 18. November 1907 Strom produziert. Von
1906 bis 1911 lieferte die Maschinenfabrik Augsburg-Nürnberg AG (ab 1908 M.A.N.) sukzessive vier vierfache Francis-
Turbinen, die eine Gesamtleistung von 6000 PS erbrachten.
(1898 hatte die Maschinenfabrik Augsburg mit der 1841
gegründeten Nürnberger Eisengießerei und Maschinenfabrik
Klett & Comp. fusioniert. Der Konzern hieß seither Maschinenfabrik Augsburg-Nürnberg AG. Erst ab 1908 firmiert dieses

*1907 ging das Wasserkraftwerk Langweid
in Betrieb. Am linken Bildrand ist die offene
Floßschleuse zu erkennen. Auch eine Schleuse
für die Flussschifffahrt musste damals noch
eingeplant werden.*

*Marmorschalttafel, Armaturen und Drehzahl-
anzeiger der Betriebszentrale in Langweid
in den Frühzeiten dieses Wasserkraftwerks.*

*Das Unterwasser des Kraftwerks Langweid,
vom östlichen Kanalufer aus gesehen: Der
Anbau am linken Bildrand entstand in den
1930er Jahren.*

Unternehmen als M.A.N. AG. 1912 gab die M.A.N. im Werk in
Augsburg den Bau von Wasserturbinen auf und konzernintern
ab. Bis dahin waren dort 907 Wasserturbinen gebaut worden.)

1909 hat man die erste 10 000-Volt-Leitung in Betrieb genommen. 1913 wurde eine 50 000-Volt-Leitung von Gersthofen bis nach Memmingen geführt: Sie war wohl die erste
dieses Ausmaßes in Bayern. Damit wurde von Gersthofen
ausgehend die Region von nördlich der Donau bis tief in das
Allgäu sowie von der württembergischen Landesgrenze bis
nahe dem Ammersee an die Stromversorgung angebunden.

Die Bedeutung der Lechwerke wird unter anderem dadurch
belegt, dass der 1922 bei einem Attentat getötete Reichs-
außenminister und Industrielle Walther Rathenau von 1911
bis 1921 Mitglied des Aufsichtsrats war. Rathenau ging in
die Geschichte ein, weil er 1922 mit der Sowjetunion den
„Vertrag von Rapallo" abschloss. Davor war er Wiederaufbau-
minister der Weimarer Republik gewesen.

Der Blick auf die Baustelle des 1922 in Betrieb genommenen Wasserkraftwerks in Meitingen.

1918 bis 1936:
das dritte Kraftwerk der Lechwerke

1918 gab es wohl erste Pläne zur Nutzung des Lechs zwischen Langweid und der Mündung des Lechs in die Donau. Planungen für den Rhein-Main-Donau-Kanal verhinderten aber trotz des rasant wachsenden Strombedarfs die Verlängerung des Lechkanals und den Bau weiterer Staustufen. 1920 erhielten die Lechwerke immerhin die Konzession für den Bau eines weiteren Kraftwerks in Meitingen, das im Juli 1922 in Betrieb ging. Mit dem Wasserkraftwerk in Meitingen entstand das benachbarte Werk der Siemens-Plania AG, die energieintensiv Graphit produzierte. Das Unternehmen – heute eine Tochter der SGL Group – ist ein weltweit führendes Unternehmen bei Produkten aus Kohlenstoff. Die Kraftwerke der Lechwerke am Lech haben einen wichtigen Beitrag zur Industrialisierung des nördlichen Lechtals geleistet.

Da weitere Kraftwerkskonzessionen am Lech nicht zu erhalten waren, beteiligten sich die Lechwerke 1924 an der Untere

*Der Unternehmensgründer
der Lechwerke AG, Prof. Dr.
Bernhard Salomon, war von
1903 bis 1933 Vorsitzender
des Aufsichtsrats. Obwohl er
von den Nationalsozialisten
wegen seiner jüdischen Abstammung aus dieser Position
verdrängt wurde, bezeichnete
ein Schreiben der Schieds-
stelle beim Reichsverwaltungs-
gericht Salomon noch 1941
als „eine der hervorragendsten
Persönlichkeiten des deutschen
Wirtschaftslebens".*

Iller AG. Später bauten die Lechwerke vier Wasserkraftwerke
an der oberen Iller. 1926 erreichte das Augsburger Unternehmen erstmals die Stromabgabe von 100 Millionen kWh.

1918 hatten die Lechwerke die Nutzung des Lechs bis zur
Mündung beantragt. Doch schon der angestrebte Bau eines

*Der Lechkanal nördlich des Kraftwerks Lang-
weid wurde bis Ostendorf weitergeführt. Kurz
vor dem Ende des Kanals liegt das Wasserkraftwerk Meitingen.*

weiteren Wasserkraftwerks in Ellgau konnte nicht mehr realisiert werden, obwohl das Unternehmen dafür frühzeitig Grundstücke erworben hatte. Denn der Interessengemeinschaft Rhein-Main-Donau AG war 1922 durch einen Beschluss der Internationalen Donaurechtskommission die Wasserkraftnutzung am Lech im Mündungsbereich zuerkannt worden.

Im Jahr 1932 begann der Verbundvertrieb mit der Rheinisch-Westfälischen Elektrizitätswerk Aktiengesellschaft (RWE) in Essen. 1933 kamen die Nationalsozialisten in Deutschland an die Macht. Der Rassenwahn der NSDAP machte auch vor Prof. Dr. Bernhard Salomon, dem Unternehmensgründer der Lechwerke AG, nicht halt. Der 1855 geborene Salomon wurde noch 1933 wegen seiner jüdischen Abstammung vom Posten des Aufsichtsratsvorsitzenden entbunden. Bis 1936 blieb er Mitglied des Aufsichtsrats der Lechwerke. Zwischen 26. Juni und 26. Juli 1942 verschied Salomon 87-jährig in Frankfurt am Main. Seine Frau Meta starb kurz darauf im Konzentrationslager Ravensbrück. Noch 1941 war Bernhard Salomon als eine der hervorragendsten Persönlichkeiten des deutschen Wirtschaftslebens bezeichnet worden.

Das Wasserkraftwerk Meitingen ist das dritte und letzte der Lechwerke am Lechkanal. Das Bemühen, weitere Kraftwerke bis zur Mündung zu errichten, scheiterte an der Vergabe der Nutzungsrechte an die Rhein-Main-Donau AG.

Drei Wasserkraftwerke der Lechwerke AG in Gersthofen, Langweid und Meitingen errichtete man am Lechkanal, der kurz hinter der nördlichen Stadtgrenze von Augsburg beginnt.

In der Zeit von 1943 bis 1950 wurden neun Kraftwerke am bayerischen Lech errichtet. Sie sind – so wie hier die Staustufe bei Landsberg – überflutbare Wehrkraftwerke, bei denen Kraftwerk und Wehr in einem einzigen Baukörper quer zum Fluss liegen.

1938 bis 1960: Ausbau der Wasserkraft am Lech

1938 erhöhte sich der Stromverbrauch in Bayern sprunghaft: Gründe dafür waren die Umstellung der Eisenbahn von Dampf auf Strom und der rasch steigende Energiebedarf der Rüstungsindustrie. 1940 wurde deshalb die Bayerische Wasserkraftwerke Aktiengesellschaft (BAWAG) zum Ausbau des Lechs von Füssen bis Augsburg gegründet.

Gesellschafter waren damals das Land Bayern, die Rheinisch-Westfälische Elektrizitätswerke AG (RWE) sowie die AG der Vereinigten Industrie-Unternehmungen (bis 1999: VIAG Aktiengesellschaft in Berlin/Bonn). Ziel dieser Gesellschaft war der Komplettausbau des Flusses zur größtmöglichen Stromerzeugung. Bereits 1940 lagen die Pläne für den voll-

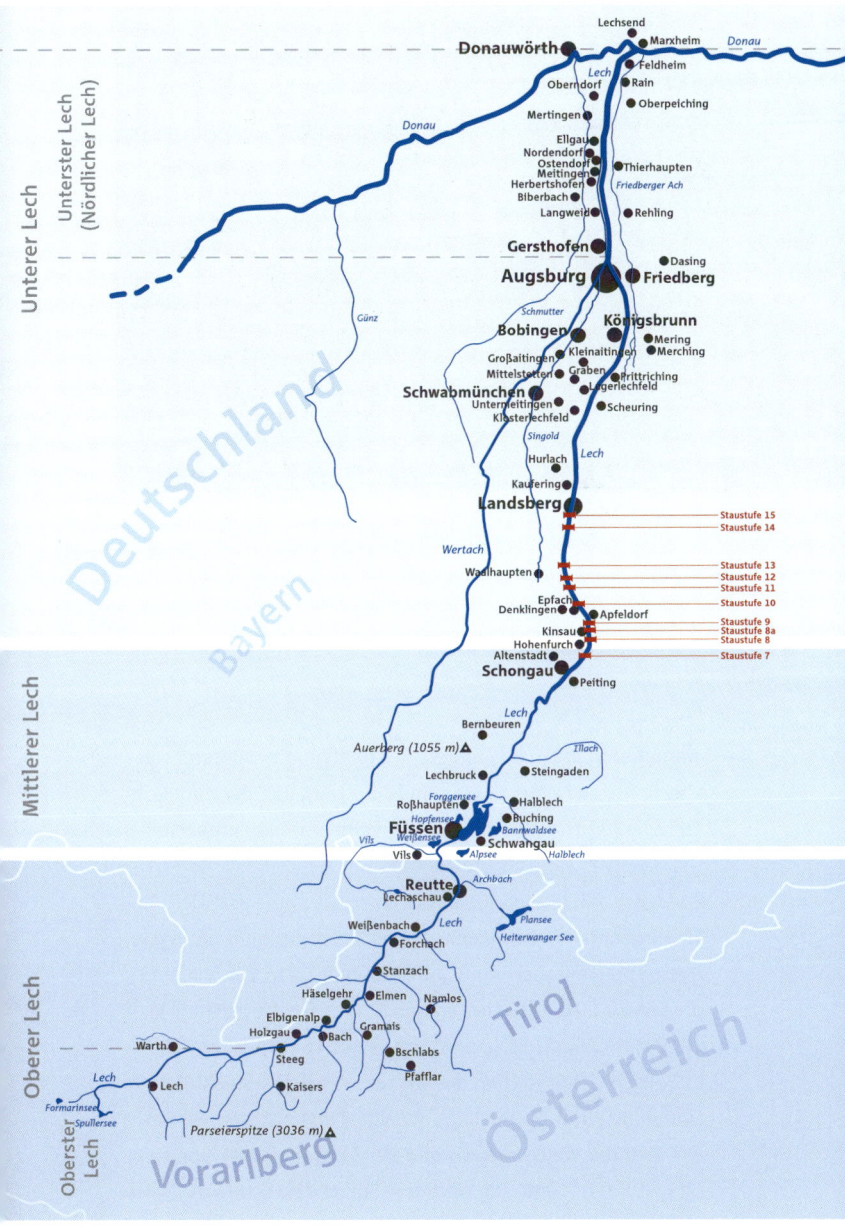

In den 1940er Jahren entstanden die Staustufen 7 bis 15 zwischen Finsterau und Landsberg. Die ursprünglich geplanten Staustufen 16 und 17 wurden nicht gebaut.

Ein Kraftwerk in Ellgau wurde schon ab 1918
von den Lechwerken geplant. Die Konzession
erhielt allerdings die Rhein-Main-Donau AG,
die dieses Wasserkraftwerk nach dem Zweiten
Weltkrieg errichtete.

ständigen Ausbau des ungefähr 120 Kilometer langen Lech-
abschnitts zwischen Füssen und Augsburg vor, der eine Roh-
fallhöhe (Bruttofallhöhe) von 297 Höhenmetern aufweist.

Zunächst entstanden die Kraftwerke zwischen Landsberg und
Schongau, da dieser Abschnitt des Lechs mit dem geringsten
flussbautechnischen Aufwand verbunden war. Bereits 1943
gingen Wasserkraftwerke an den Staustufen 11 (Lechblick),
12 (Lechmühlen), 13 (Dornstetten) und 15 (Landsberg Süd)
in Betrieb. 1944 folgten die Kraftwerke an den Staustufen 9
(Apfeldorf) und 14 (Pitzling). Wenige Jahre nach dem Ende
des Zweiten Weltkriegs wurden 1947 das Kraftwerk Sperber
(Staustufe 8), 1948 das Kraftwerk Epfach (Staustufe 10) sowie
1950 das Kraftwerk Finsterau (Staustufe 7) fertiggestellt.

1940 hatte die Rhein-Main-Donau AG (heute Rhein-Main-
Donau GmbH) geplant, den Lechkanal der Lechwerke bis nach
Meitingen zu verlängern und auf den 22 Kilometern bis zur

Zwischen 1952 und 1960 wurden die vier
Kraftwerke Ellgau, Oberpeiching, Rain am
Lech und Feldheim fertiggestellt.

*Das Flusskraftwerk bei Feldheim ist das
letzte in der Kette der Wasserkraftwerke am
bayerischen Lech. Dieses Wasserkraftwerk
liegt in Sichtweite der Mündung des Lechs
in die Donau.*

Mündung in die Donau sechs weitere Kraftwerke zu errichten.
1949 griff das Unternehmen diese Planungen in modifizierter
Form wieder auf. Vier Wasserkraftwerke gingen schließlich in
Betrieb: Ellgau (1952), Oberpeiching (1954), Rain (1956) und
Feldheim (1960). Sie wurden als Flusskraftwerke gebaut, um
dadurch die weitere Eintiefung des Lechs und damit die für
die Landwirtschaft und den Artenschutz problematische Absenkung des Grundwassers zu vermeiden.

Die technische Betriebsführung aller vier Kraftwerke übernahm im Januar 1996 die Bayerische Elektrizitätswerke GmbH
(BEW), die im Jahr 1977 zur hundertprozentigen LEW-Tochter
wurde. Am 1. Februar 2019 wurde die Bayerische Elektrizitätswerke GmbH in LEW Wasserkraft GmbH umbenannt.

Voll aufgestaut ist der Forggensee mit seinen 15,2 Quadratkilometern Wasserfläche der fünftgrößte See Bayerns. Diese Staustufe des Lechs liegt im Becken des nach der letzten Eiszeit entstandenen Füssener Sees.

1950 bis 1971: die Staustufen bis Schongau

Von 1950 bis 1952 entstand in Schwangau das Buchtenkraftwerk Horn. Bauherr und Betreiber war die Allgäuer Überlandwerke GmbH (AÜW). Im November 1950 begannen im natürlichen Becken des verlandeten nacheiszeitlichen Füssener Sees die Bauarbeiten am Kopfspeicher Roßhaupten zwischen Schwangau, Füssen, Halblech, Rieden und Roßhaupten.

Dieser Speichersee – der heutige Forggensee – dient dem Hochwasserschutz und der Verstetigung der Wasserführung für den Betrieb der nachfolgenden Staustufen. Der Lech führt im Sommer wesentlich mehr Wasser als im Winter: Der Kopfspeicher erlaubt den gezielten ganzjährigen Betrieb der Kraftwerke. Der geregelte Abfluss ermöglicht eine bedarfsgerechte Erzeugung, die den unterschiedlichen Stromverbrauch

*Für den 1954 erstmals voll aufgestauten
Forggensee wurden Weiler und eine Siedlung
aufgegeben. Die Staustufe wurde schon bald
von der Forggenseeschifffahrt genutzt.*

über den Tagesverlauf hinweg berücksichtigt. Zudem nimmt
der Forggensee im Frühjahr die Schneeschmelze auf und
trägt so dazu bei, Hochwasser zu verhindern.

Das Bauvorhaben der Bayerischen Wasserkraftwerke AG
(BAWAG) kam nur gegen den anfänglichen Widerstand der
Bevölkerung zustande. Die Bewohner der Weiler Forggen (der
dem See den Namen gab), Brunnen und Deutenhausen sowie
der Füssener Weidachsiedlung mussten umgesiedelt werden.
600 Hektar landwirtschaftlicher Fläche mussten aufgegeben
werden, die Wildflusslandschaft des Lechs bei Füssen und
die Illasschlucht wurden vom Forggensee eingestaut. Bis Juli
1954 wurde der Speichersee erstmals gefüllt. Der Forggensee – am Lech die Staufstufe 1 – ist aufgestaut mit mehr als
15 Quadratkilometern Wasseroberfläche der fünftgrößte See
Bayerns. Im Winter senkt sich sein Wasserspiegel um bis zu
15,5 Meter ab. Auf dem fast trockenen Seegrund sind dann
die Spuren eines wohl römischen Straßendamms zu sehen.
1954 ging das Speicherkraftwerk Roßhaupten in Betrieb, in

*Am Nordende des Forggensees ging 1954
das Speicherkraftwerk Roßhaupten in Betrieb.
Im Hintergrund ist das Einlaufbauwerk an
der Lechstaustufe 1 zu erkennen.*

*Ab dem Jahr 1950 wurde am nördlichen Ende
des heutigen Forggensees die Lechstaustufe 1
mit dem Staudamm Roßhaupten und dem
Wasserkraftwerk Roßhaupten gebaut.*

der Folgezeit wurden die Staustufen 2 bis 6 bis Schongau ausgebaut. Ab 1960 lieferten das Kraftwerk Dornau (Stufe 6), 1966 bis 1971 die Stufen 3 (Urspring), 4 (Dessau) und 2 (Prem) Strom. 1960 wurde auch das 1907 errichtete Seitenkanalkraftwerk Kinsau (vormals Papierfabrik Haindl) in den Betrieb der BAWAG integriert. Dieses Kraftwerk wurde 1990 abgerissen, Relikte alter Wehre und des Kanals sind erhalten. 1992 ging an der Lechstaustufe 8a ein Wasserkraftwerk als jüngstes Kraftwerk der damaligen BAWAG (heute Uniper Kraftwerke GmbH) am Lech in Betrieb. Fast ein Drittel der Bau- und Baunebenkosten (94 Millionen Mark) wurde für Naturschutzmaßnahmen wie den Bau einer Fischtreppe aufgewendet. Das Wasserkraftwerk (Flusskilometer 114,5 – an der Grenze zwischen Mittlerem und Unterem Lech) ist heute im Besitz der Uniper Kraftwerke GmbH und wird von ihr betrieben.

Unverwirklicht blieb der Bau der Kraftwerksstufe 5 (Niederwies). Der Flussabschnitt zwischen Dessau und Niederwies wurde als Naturschutzgebiet ausgewiesen, um die ökologisch wertvolle und landschaftlich reizvolle Litzauer Schleife bei Burggen zu bewahren.

1990 ging das neue Kraftwerk Kinsau an der Lechstaustufe 8a in Betrieb. Es erzeugt Strom für rund 10 000 Haushalte.

Ab dem Jahr 1954 gingen am Lech die Staustaufen 1 bis 6 zwischen Roßhaupten und Dornau in Betrieb.

In den 1980er Jahren entstand die Staustufe 20 bei Scheuring. Mit fünf weiteren, ab 1973 errichteten Wasserkraftwerken war die letzte Ausbaustufe am Lech bis 1984 abgeschlossen.

1973 bis heute: die letzte Ausbaustufe

Ab 1973 entstanden sechs Staustufen zwischen Landsberg und Augsburg. 1975 ging das Laufwasserkraftwerk an der Staustufe 18 (Kaufering) in Betrieb. 1980 bis 1984 folgten Schwabstadl (Staustufe 19), Scheuring (Staustufe 20), Prittriching (Staustufe 21) und Unterbergen (Staustufe 22). 1978 war das Laufwasserkraftwerk der Staustufe 23 bei Merching in Betrieb gegangen. Diese Lechstaustufe wurde als Ausgleichsspeicher für den Schwellbetrieb der Staustufen konzipiert, über den die Weitergabe des Flusswassers reguliert wird.

Der See mit 1,6 Quadratkilometern Wasserfläche heißt heute Mandichosee: Er dient – wie auch die Lechstaustufe 18 – der Naherholung. Die Kraftwerke der Staustufen 1 bis 23 werden von der 2016 gegründeten Uniper Kraftwerke (früher E.ON Wasserkraft, in der 1997 die BAWAG aufgegangen war) betrieben. E.ON war im Jahr 2000 aus einer Fusion der VEBA und der VIAG entstanden. Die Staustufen 1 bis 23 werden von der in Landsberg ansässigen Leitung der Kraftwerksgruppe Lech der Uniper Kraftwerke betreut.

Als weitere Ausbaumöglichkeiten am Lech waren ursprünglich die Staustufen 17 bei Sandau sowie die Staustufen 24 und 25 (bei Kissing und Siebenbrunn) angedacht. Sie wurden nicht mehr verwirklicht. Mit den Lechstaustufen 1 bis 23 werden gegenwärtig 96 der 120 Kilometer langen Konzessionsstrecke und 234 der 296 Meter Kraftwerksausbaufallhöhe zur Stromgewinnung genutzt.

Verwirklicht wurde von 2004 bis 2006 das Buchtenkraftwerk der Luwa Energiegesellschaft mbH am Eisenbahnerwehr im Augsburger Stadtteil Hochzoll. Dort entstanden eine Kiesschleuse für die Geschiebeführung und ein Umgehungsbach für den Fischaufstieg. 2007 wurde das kleine Kraftwerk eine Station am „Wasserkraft Weg Augsburg", mit dem das Umweltreferat der Stadt Augsburg und Wasserkraftwerksbetreiber wie die Lechwerke AG Kraftwerke für die Öffentlichkeit zugänglich machten. 2015 zählte ein Buch über die Wasserkraft

Die Lechstaustufe 18 bei Kaufering: 1975
ging das dortige Wasserkraftwerk in Betrieb.

*Das Wasserkraftwerk bei Merching und die
Staustufe 23, der heutige Mandichosee,
aus der Vogelperspektive.*

in Augsburg allein im Stadtgebiet 41 Wasserkraftwerke auf,
die mit Wasser vom Lech, von der Wertach oder von Quellbächen betrieben werden. Sieben dieser Augsburger Wasserkraftwerke sind – wie auch die drei Kraftwerke von LEW in
Gersthofen, Langweid und Meitingen – seit 2019 Teil des
UNESCO-Welterbes „Augsburger Wassermanagement-System".

*Der Mandichosee ist heute für den Ballungs-
raum Augsburg ein viel genutzter Bestandteil
der Naherholungslandschaft im Lechtal.*

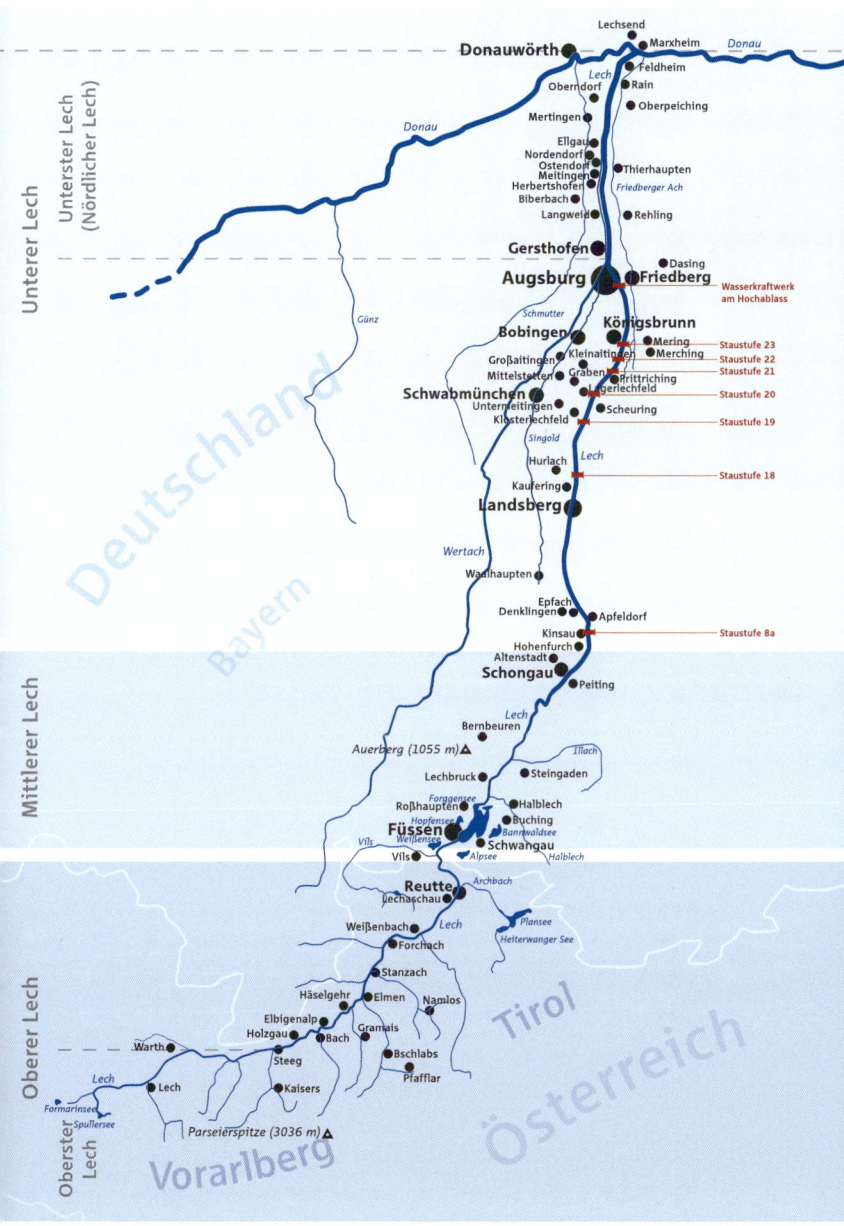

Von 1973 bis 1984 entstanden zwischen
Kaufering und Merching die Lechstaustufen
18 bis 23. Erst im Dezember 2013 ging das
Wasserkraftwerk am Hochablass in Betrieb.

Die Vitrine zeigt das Replikat eines Werks
von Lucas Voch zum Wasserbau am Lech.

Eine Vitrine im Lechmuseum Bayern erklärt Geschichte und Bedeutung des Wasserbaus

Im Jahr 1778 erschien ein frühes Werk zum Wasserbau: Der Ingenieur und Architekt Lucas Voch gab in Augsburg das Buch „Strombau an dem Lech und Wertach, oder Beschreibung der Packwerken, Archen und Kästen, wie auch einigen Wasserwehren, wie solche in beyden Flüssen erbauet worden sind" heraus. Zehn ausfaltbare Kupfertafeln in diesem Standardwerk dokumentieren die Flussbautechnik in dieser Zeit.

Schutzverbauungen am Lechufer und eine Hafenanlage errichteten bereits die Römer in Augusta Vindelicum, dem heutigen Augsburg. Am Lech war die Technik des Wasserbaus aber erst im 19. Jahrhundert so weit ausgereift, dass man wirkungsvoll mit der Flussbegradigung und der Befestigung der Ufer beginnen konnte. Damals wurden Maßnahmen ausgeführt, die mit dem heutigen Wissensstand eher kritisch beurteilt werden.

Stützschwellen und Querverbauungen senken die Fließgeschwindigkeit des Lechs und verlangsamen so die Eintiefung des Flusses. Weil durch diese Bauten aber auch das natürliche Geschiebe verhindert wird, wird heute Kies in das Flussbett eingebracht.

Querverbauungen verringern die Eintiefung des Flusses

Die Flusskorrektion verringerte zwar die Hochwassergefahr, hatte aber auch unerwünschte Folgen: Weil der beengte Lech schneller abfloss, tiefte sich der Fluss um bis zu sieben Meter ein. Das Grundwasser begann bis zu 500 Meter vom Ufer entfernt zu sinken – ein Problem für die Land- und Forstwirtschaft. Stützschwellen und Flusskraftwerke senken zwar die Fließgeschwindigkeit, doch sie verhindern auch das natürliche Geschiebe. Wo dieser Prozess wegen der Querbauwerke entfällt, muss heute Geschiebemanagement – also das Einbringen von Kies in das Flussbett – die weitere Eintiefung der Flusssohle verhindern.

Schutzbauten am Lech:
Beschlachte, Wuhr und Archgebäu

Jahrhundertelang waren sich die Konstruktionen des
„Wassergepew" ähnlich: Holzpfähle wurden in den Fluss-
oder Uferboden gerammt und die Verbauungen daran
befestigt. „Beschlachte" waren massivere Bauten, die
Brückenpfeiler oder Ufer schützten. Eine „Wuhr" war ein
quer in den Fluss gesetztes Wehr, das den Wasserdruck
verringerte. „Archgebäu" waren Schutzbauten im Fluss
oder am Ufer, die die Stromrichtung lenkten. Lucas
Vochs Werk „Strombau an dem Lech und Wertach, oder
Beschreibung der Packwerken, Archen und Kästen, wie
auch einigen Wasserwehren, wie solche in beyden
Flüssen erbauet worden sind" hat all diese Wasserbau-
techniken 1778 ausführlich beschrieben. Voch arbeitete
als Wasserbauingenieur für die Reichsstadt Augsburg.

Die Flusskarte von 1580 zeigt Verbauungen
an der westlichen Uferseite des Lechs bei
Oberndorf. Mit vier Schlachten (Vorwerken),
die weit in den Lech ragten, versuchte man
den Lech nach Osten – in Richtung der Uferseite von Oberpeiching – abzudrängen. Des-
wegen klagte der Pfleger von Rain gegen den
Herrn zu Oberndorf, Markus Fugger. Letzterer
verlor den Prozess und musste die flusslauf-
verändernden Verbauungen abreißen lassen.
Streitfälle dieser Art kamen häufiger vor.

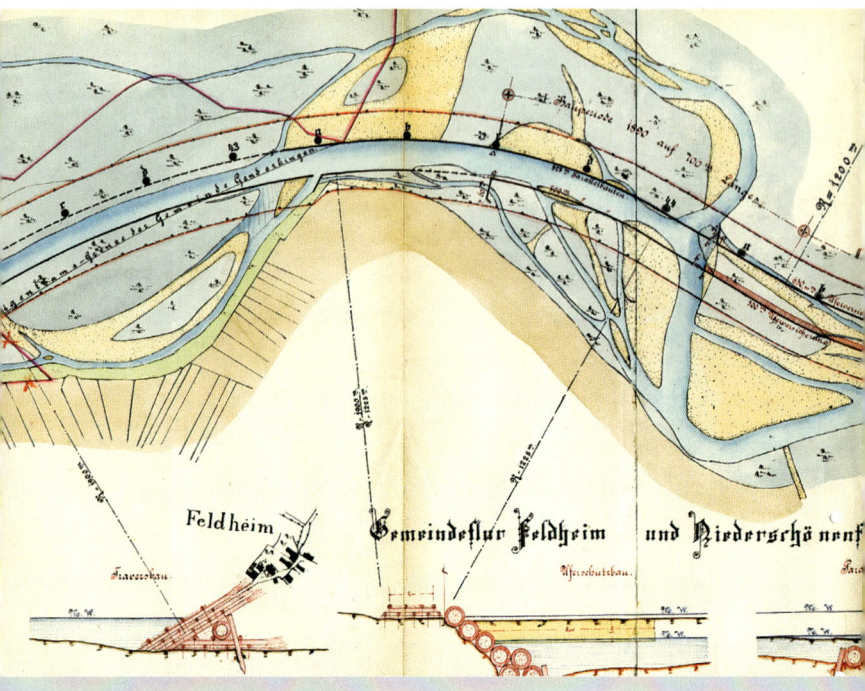

Die Flusskorrektion:
Begradigung des Gebirgsflusses

Lucas Voch hatte schon im Jahr 1778 in seinem Buch „Strombau an dem Lech und Wertach, oder Beschreibung der Packwerken, Archen und Kästen, wie auch einigen Wasserwehren, wie solche in beyden Flüssen erbauet worden sind" die Begradigung des Lechs vorgeschlagen. Die Korrektion des vielarmigen Flusses, dessen Bett sich bis zu einem Kilometer breit erstrecken und sich bei Hochwassern mitunter weit verlagern konnte, begann jedoch erst 1844 bei Schongau. Ab 1851 zwängte dann die Korrektion den Lech zwischen Augsburg und seiner Mündung in ein enges trapezförmiges Bett mit einer Normalbreite von 52,5 Metern (nach 1910: 85 Meter). Luftbildfotografie macht die verfüllten – früher weithin mäandernden – Nebenarme des Flusses auf Aufnahmen von Wiesen und Äckern im nördlichen Lechtal sichtbar.

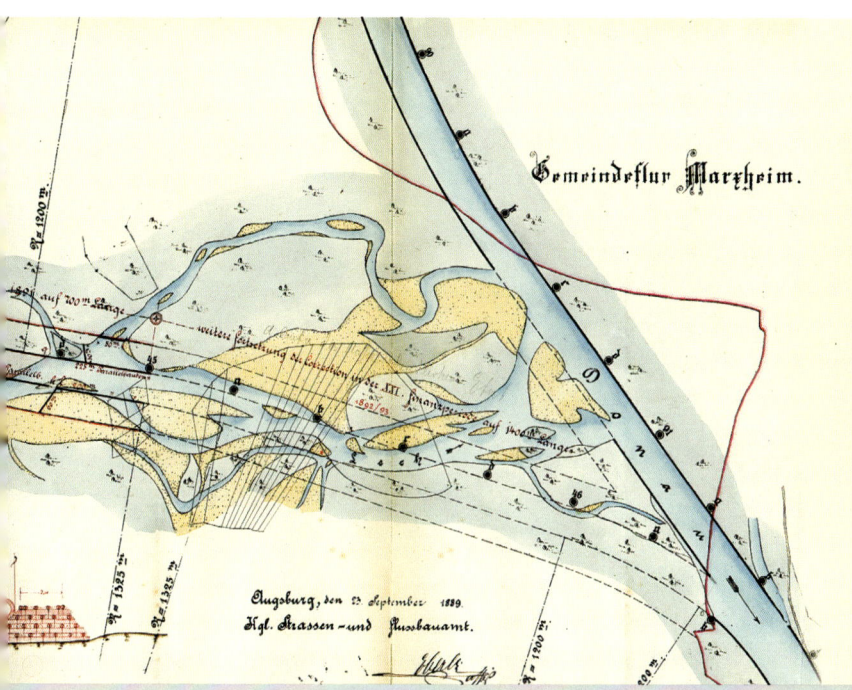

Eine Karte von 1889 verdeutlicht die Ausmaße der Flussbegradigung im Mündungsbereich des Lechs. Aus mäandrierenden, sich immer wieder verlagernden Lecharmen wurde ein einziger, von Dämmen eingeengter Flusslauf. Auch die Mündung des Lechs wurde bei der Korrektion verlegt, um die Kraft der Flussströmung abzuschwächen.

*Ein frühes fotografisches Dokument in der
langen Geschichte des Wasserbaus am Lech:
Beim Bau des Kanals nördlich von Augsburg –
für das erste Wasserkraftwerk in Gersthofen
(und bald darauf für das zweite Wasserkraftwerk in Langweid) – fanden viele Arbeiter
Lohn und Brot. Die Fotografie zeigt die Ufer-
befestigung mithilfe von Faschinen.*

Die Befestigung der Ufer: von Faschinen zum Kanaldamm

Früher sollten Querdämme oder Faschinen – Uferver-
bauungen mit Rutenbündeln vor allem aus Zweigen von
Weiden und Pappeln – die Lechufer sichern. Flussufer
wurden auch mit Bruchsteinen aus Granit oder mit Jura-
kalksteinen von der nahen Alb befestigt. Erst seit dem
frühen 20. Jahrhundert verbaute man Beton. (Eine Bau-
firma in Augsburg war beim seinerzeit innovativen Einsatz von Beton im Wasserbau führend.) Zur Sicherung
des ab 1898 gegrabenen Lechkanals entstanden bis zu
acht Meter hohe und bis zu 40 Meter breite Dämme.

Durch die Korrektion des Lechs wurde der Mündungsbereich des Flusses nach Osten verlegt. Aus diesem Grund liegen heute das Ende des Lechs und der Ort Lechsend mehr als zwei Kilometer weit voneinander entfernt.

Warum Lechsend nicht mehr am Ende des Lechs liegt

Das Dorf Lechsend liegt auf dem nördlichen Donauufer: Gegenüber, am südlichen Ufer, mündete bis ins 19. Jahrhundert der Lech. Die stark verzweigte Mündung des Flusses in die Donau wurde aber nach 1881 in einer sanften Rechtskurve in Richtung Marxheim umgeleitet und begradigt. Dass die Mündung bei Marxheim heute nicht dem ursprünglichen Flussverlauf entspricht, verrät der Name des gut zwei Kilometer westlich gelegenen Dorfs Lechsend. Den besten Blick auf die Lechmündung hat man von der Donaubrücke der Staatsstraße 2047 im Marxheimer Ortsteil Bruck oder vom darunter liegenden nördlichen Donauufer aus. Von dort aus sieht man sogar das nahegelegene Wasserkraftwerk Feldheim.

LEW und LEW Wasserkraft

Energie für die Region

*Ein Industriedenkmal, in dem bis heute
Strom produziert wird: Das Wasserkraftwerk
Gersthofen war das erste am Lech.*

Der Lech liefert
Energie für Bayern

Der bayerische Lech ist ein wichtiger Energielieferant. 34 weit
überwiegend große Wasserkraftwerke werden zumeist von der
Uniper Kraftwerke GmbH oder der LEW Wasserkraft GmbH
betrieben. Wasser aus Lechanstichen treibt zusätzlich allein
im Stadtgebiet von Augsburg noch 25 kleinere Kraftwerke
an. Mit den Kraftwerken am Lech werden hunderttausende
Haushalte ganzjährig klimafreundlich mit Elektrizität versorgt.
Die gesamte Wasserkraft in Bayern spart – im Vergleich zu
Steinkohlekraftwerken – rund 10 Millionen Tonnen CO_2 pro
Jahr ein. Außer zur Energiegewinnung tragen die Kraftwerks-
betreiber zum Hochwasserschutz (zum Beispiel durch den
Forggensee) und damit auch zur Sicherheit der Siedlungs-
räume entlang der Flüsse bei.

Die LEW Wasserkraft GmbH betreibt am Lechkanal die drei
Kraftwerke Gersthofen, Langweid und Meitingen. Das Kraft-

*Die Innenansicht der Maschinenhalle im
Wasserkraftwerk der Lechwerke in Gersthofen.*

*Der Forggensee mit seinen 168 Millionen
Kubikmetern Fassungsvermögen bei Vollauf-
stau liegt dort, wo der Mittlere Lech beginnt.
Im Fall eines Hochwassers dient er als Rück-
haltebecken: Er schützt somit Siedlungsräume
am Unterlauf des Lechs vor Überflutung.*

*Kurz nach dem Kraftwerk Meitingen fließt
der Lechkanal in den Lech zurück.*

werk Gersthofen – ein architektonisch prototypischer Vertreter
früher Industriebauten (und wie die Kraftwerke in Langweid
und Meitingen heute ein Denkmal des UNESCO-Welterbes
„Augsburger Wassermanagement-System") – liefert nach wie
vor umweltfreundliche Energie für die Region. Bei einer Fallhöhe von 9,5 Metern fließen pro Sekunde insgesamt maximal
125 Kubikmeter Wasser durch das Kraftwerk und treiben fünf
horizontale Kaplan-Turbinen mit s-förmigen Saugrohren an.
Die daran gekoppelten Drehstrom-Synchrongeneratoren erzeugen bei 200 U/min jeweils 1970 kW. Die Gesamtausbau-
leistung liegt bei 9870 kW. Pro Jahr erzeugt das Wasserkraftwerk Gersthofen durchschnittlich 62 Millionen kWh Strom.

Das Wasserkraftwerk Langweid ist nicht nur ein Museum und
Teil einer Welterbe-Stätte. Im Kraftwerksbereich arbeiten drei
Kegelrad-Rohrturbinen und eine vertikale Kaplan-Turbine.
Auch hier können maximal 125 Kubikmeter Wasser pro Sekun-
de durchgeleitet werden. Die Fallhöhe beträgt in Langweid
noch 7,2 Meter. Die Leistung der dortigen Maschinensätze
ist unterschiedlich. Die Rohrturbinen treiben ihre Drehstrom-
Synchrongeneratoren über ein Getriebe auf 750 U/min an.

Die Generatoren im Kraftwerk Meitingen stammen noch aus dem Jahr 1922. Bis heute liefern sie täglich Strom ins Netz.

Die Leistung pro Maschinensatz beträgt 1630 kW. Die Kaplan-Turbine kommt aufgrund des höheren Wasserdurchsatzes auf eine Leistung von 2400 kW. Im Jahresdurchschnitt werden in Langweid 45 Millionen kWh Strom produziert.

Seit 1922 erzeugt das Kraftwerk Meitingen am Lechkanal klimafreundlichen Strom aus Wasserkraft. Hier arbeiten noch immer die Originalgeneratoren aus der Bauzeit. Im Rahmen einer umfassenden Revision wurde dieses Kraftwerk zwischen 2015 und 2017 modernisiert. Die LEW Wasserkraft GmbH erneuerte dabei die drei Francis-Turbinen sowie die Kraftwerkssteuerung. Dank des verbesserten Wirkungsgrads und einer optimierten Steuerung des Turbinenbetriebs kann das Kraftwerk seitdem rund 15 Prozent mehr Strom erzeugen. Während die Leistung auf 13 200 kW erhöht wurde, blieben die Fallhöhe und die Ausbauwassermenge gleich. Die Generatoren mit den drei vorgelagerten Francis-Doppelturbinen erzeugen nunmehr bei 12,5 Metern Fallhöhe und 125 Kubikmetern Wasser pro Sekunde durchschnittlich 83 Millionen kWh Strom pro Jahr: Dies sind rund sechs Millionen kWh mehr als zuvor.

*Wasserkraft nutzt die potenzielle Energie des
Wassers. Die Fallhöhe entscheidet mit über
die Leistung des Kraftwerks. Am Lech und am
Lechkanal dominiert eine Kraftwerksart: Laufwasserkraftwerke im Fluss und am Lechkanal.*

Am Lech und am Lechkanal sind Laufwasserkraftwerke die Regel

Wasserkraftwerk ist nicht gleich Wasserkraftwerk. Je nach
Haupteinsatzzweck, Lage und Leistung sorgen völlig unterschiedliche Konzepte für elektrische Energie aus Wasserkraft.
Der Leistungsgrad jeder Kraftwerksart hängt von der Fallhöhe
(also dem Höhenunterschied zwischen dem Ober- und Unterwasser) sowie von der Menge des durchströmenden Treibwassers ab. Laufwasserkraftwerke zeichnen sich durch den
äußerst hohen Wirkungsgrad von fast 90 Prozent aus. Da
diese Kraftwerke Energie sehr gleichmäßig und rund um die
Uhr liefern, werden sie zur Deckung der Grundlast eingesetzt

Am Lech hat man es fast immer mit Laufwasserkraftwerken zu
tun. Sie gelten als sogenannte Niederdruckkraftwerke und
stehen in Flüssen oder als sogenannte Ausleitungskraftwerke

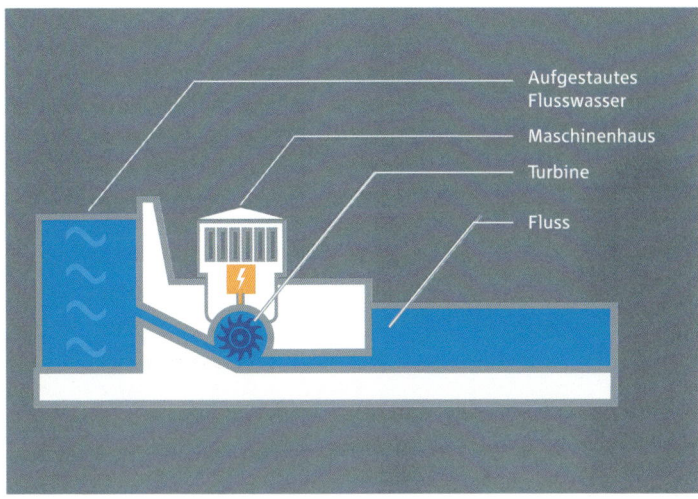

Laufwasserkraftwerke an Flüssen und Kanälen produzieren Energie gleichmäßig und kontinuierlich. Deshalb decken sie die Grundlast ab.

Speicherkraftwerke und Pumpspeicherkraftwerke nutzen den starken Höhenunterschied zwischen einem Wasserspeicher und dem Kraftwerk. Sie tragen dazu bei, Spitzenlasten abzudecken. Höher liegende Speicherseen dienen hier quasi als „Energiespeicher".

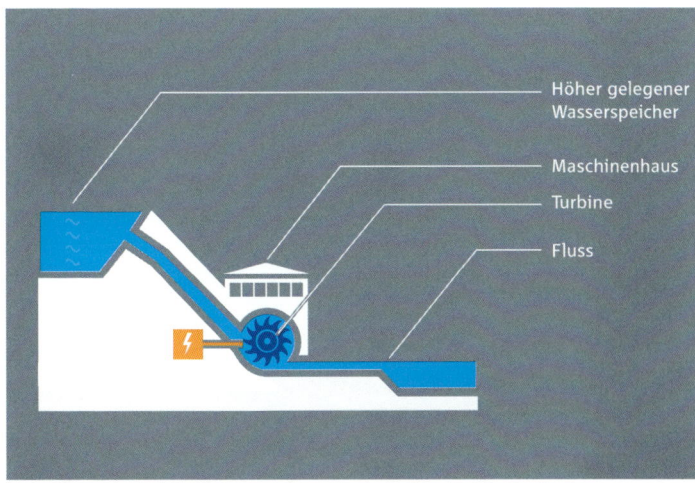

über den Kanälen. Auch die Wasserkraftwerke von LEW am Lechkanal in Gersthofen, Langweid und Meitingen sowie die von LEW Wasserkraft technisch betriebenen Kraftwerke bei Ellgau, Oberpeiching, Rain und Feldheim entsprechen diesem Kraftwerkstyp.

Speicherkraftwerke sind eher in den gebirgigen Regionen zu finden. Sie verbinden ein höher gelegenes Wasserreservoir – zumeist einen durch Schmelzwasser gespeisten Stausee – mit einem tiefer gelegenen Kraftwerk. Diese Verbindung besteht aus sogenannten Triebwegen – Druckstollen oder Druckschächten, durch die das Treibwasser in das Krafthaus geleitet wird. Dort trifft es mit hoher Geschwindigkeit auf die Turbinen und erzeugt über die Generatoren Strom. Die Verbindungsrohre zwischen Stausee und Krafthaus können offen sichtbar (wie zum Beispiel beim Walchenseekraftwerk, einem Hochdruckspeicherkraftwerk mit 200 Metern Ausbaufallhöhe) oder unterirdisch verlaufen. Speicherkraftwerke sind allerdings keine Dauerläufer: Sie dienen überwiegend der

Die von den Haushalten benötigte Energiemenge erreicht um die Mittagszeit ihren Höchststand, sinkt aber nie unter einen bestimmten Bedarf – dies ist die Grundlast.

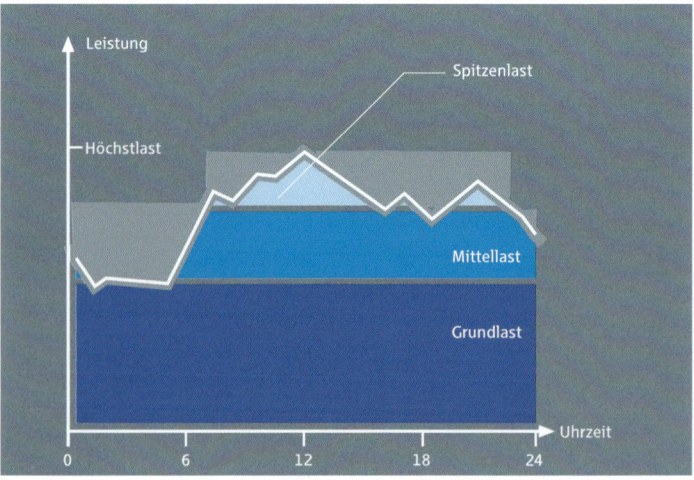

Das Kraftwerk Merching (Lechstaustufe 23) ist sowohl Laufwasser- als auch Speicherkraftwerk.

Deckung von Spitzenlasten. Das 1978 in Betrieb genommene Wasserkraftwerk der Uniper an der Lechstaustufe 23 nahe Merching funktioniert wahlweise als Laufwasserkraftwerk und als Speicherkraftwerk: Der flussaufwärts gelegene, vom Lech gespeiste und durchflossene Mandichosee wird bei niedrigerem Wasserstand als hoch gelegener Wasserspeicher genutzt.

Pumpspeicherkraftwerke funktionieren nach dem gleichen Prinzip wie Speicherkraftwerke – mit einem entscheidenden Unterschied: Das Wasser für ihren Betrieb muss erst in ein höher gelegenes Reservoir gepumpt werden. Für den Betrieb der elektrischen Pumpen nutzt man das Überangebot an günstigem Strom in der Nacht. Das gespeicherte Wasser funktioniert dadurch wie ein Akku: Zu Spitzenverbrauchszeiten wird es durch die Turbinen geschickt. So wird Energie erzeugt, wenn sie zu besseren Konditionen verkauft werden kann. Pumpspeicherkraftwerke gewinnen immer mehr an Bedeutung, da – vor allem durch den Ausbau der Windenergie – sogenannte Regelenergie (der Ausgleich von windschwachen zu windstarken Zeiten) zur Verfügung gestellt werden muss. Diese Kraftwerksart kommt am Lech allerdings nicht vor.

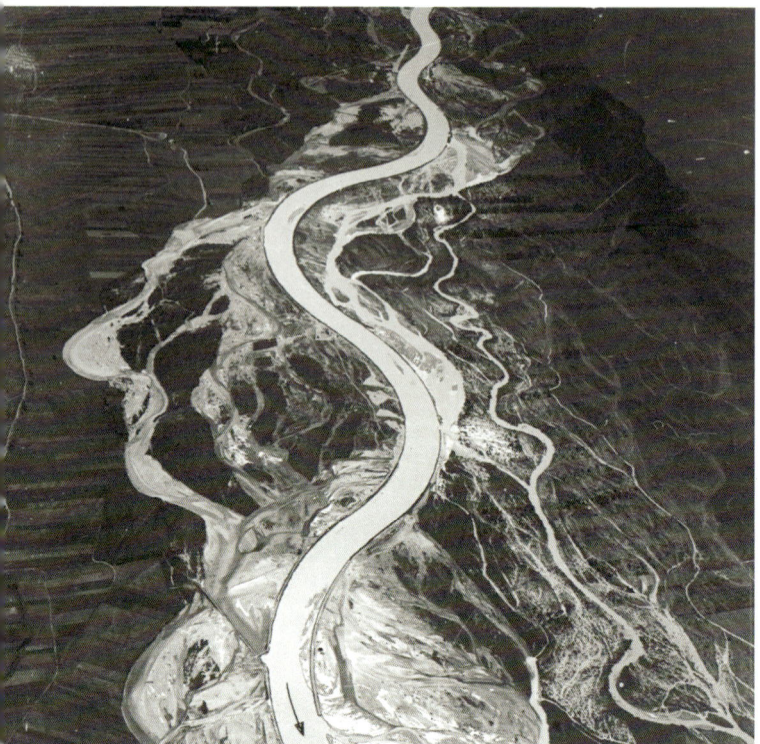

So sah der Lech 1908 zwischen den Fluss-kilometern 60 und 66 aus. Auf diesem Luft-bild der hunderte Meter breiten Umlagerungs-strecke des Gebirgsflusses ist bereits die Ideallinie der Flusskorrektion eingezeichnet.

Flusskorrektionen und Wege zur Flusssanierung

Seit jeher haben Flusslandschaften menschliche Siedlungen angezogen, weil sie Raum, Nahrung, Trinkwasser und einen Transportweg boten. Der Nachteil flussnaher Bebauung lag in zerstörerischen Hochwasserperioden. Lang vor dem Bau der großen Wasserkraftanlagen zwang man den Unteren Lech in ein unnatürlich begradigtes und wesentlich schmäleres Fluss-bett. So gewann man neues Land und konnte landwirtschaft-

Um die Versteppung entlang des zwischen Dämmen eingezwängten Lechs zu verhindern, erhöhte man mithilfe der Stauwirkung der Flusskraftwerke den Wasserstand.

liche Flächen in die bisherigen Flussauen ausweiten. Zum Schutz dieser Flächen wurde der Lech äußerst eng eingedeicht, Dämme sollten dem Fluss die Möglichkeit nehmen, über die Ufer zu treten und Hochwasserschäden anzurichten.

Erst nach einigen Jahrzehnten erkannte man die Folgen der massiven Eingriffe in die Natur: Die Strömungsgeschwindigkeit des Lechs wurde stark erhöht, einem Abflusskanal gleich transportierte er sein steiniges Flussbett ab und grub sich dadurch immer tiefer in die Flusssohle ein. Durch die Auswirkungen der Erosion sank der Grundwasserspiegel ab.

Den uferbegleitenden landwirtschaftlichen Flächen wurde das Wasser entzogen – sie versteppten. Wegen der erhöhten Fließgeschwindigkeit drohten Brücken und Straßen durch Unterspülung weggerissen zu werden. In den 1940er und 1950er Jahren kam die staatliche Wasserwirtschaft deshalb verstärkt auf die Wasserkraftwerksbetreiber am Lech zu, um mit deren Hilfe die Probleme zu lösen.

Bei den Stauseen am Lech haben sich ausgedehnte Feuchtgebiete entwickelt, die als Naturschutzgebiete ausgewiesen wurden.

Stützschwellenkraftwerke – wie dieses Wasserkraftwerk im Lech bei Feldheim – sind Multifunktionsbauwerke: Sie erzeugen Strom und stauen das Wasser: Sie sind also ein Element der wasserbaulichen Sanierung des Flusses.

Der Auwald nahe dem Wasserkraftwerk in Oberpeiching am Nördlichen Lech: Die feuchten flussbegleitenden Grauerlenwälder sind wertvolle Lebensräume und Rückzugs- gebiete für die heimische Fauna und Flora.

Die in der Folge errichteten Stützschwellenkraftwerke pro- duzieren noch heute Strom aus Wasserkraft. Sie waren aber wie viele der Kraftwerke am Lech Teil einer wasserbaulichen Flusssanierung. Stützschwellenkraftwerke sind Multifunktions- bauwerke, die den Lech abbremsen, die Wassermenge regu- lieren und Strom erzeugen. Die Stützung des Grundwasser- stands schuf die Voraussetzung für die Regeneration der Auwälder. Allerdings veränderten sich auch die Lebensräume für die Fauna und Flora des Flusses.

Stützschwellen verhinderten die Fischwanderungen zu den Laichplätzen und unterbanden den natürlichen Geschiebe- transport des Lechs. Fischvorkommen in stark fließendem, sauerstoffreichem Wasser nahmen ab. Die Fischarten, die ruhigere und tiefere Gewässer bevorzugen, siedelten sich dagegen vermehrt an. Durch den Aufstau entstanden teils große Stauseen, die heute Naturschutzgebiete sind.

Bei Gersthofen wird dem Chardonnaybach
Wasser aus dem Lechkanal zugeführt. Über
den Chardonnaybach wird wiederum der
Branntweinbach bewässert, dessen Nass
am Ende im Boden versickert und über das
Grundwasser wieder dem Lech zugeführt wird.

Ökologische Maßnahmen am Unterlauf des Lechs

Parallel zum Lechkanal lässt der Lech auf seinem Weg zwischen Gersthofen und Meitingen auf 16 Kilometern Länge erkennen, wie er mit seinem einst bis zu 500 Meter breiten Bett früher aussah. Das relativ flache Flussbett windet sich hier um zahlreiche Kiesbänke. Der Lech nördlich von Gersthofen ist ein bedeutendes Brutgebiet des Flussregenpfeifers geworden und entwickelt sich wieder zum Lebensraum für weitere Vögel, Laufkäfer, Spinnen und andere Kleintiere.

Diesen Abschnitt eines naturnahen Lechmutterbetts und seine Fauna zu erhalten, ist Ziel verschiedener Maßnahmen der LEW Wasserkraft GmbH. Der Fischbach am Wehr Gersthofen ermöglicht Fischwanderungen zu den Laichplätzen. Bei

Die Kiesbänke am Nördlichen Lech sind wertvolle Lebensräume für die Fauna. Hier brütet zum Beispiel auch der besonders geschützte Flussregenpfeifer.

Funktionskontrollen der Fischereiberatung wurden 16 verschiedene Arten gezählt.

Der Stabilisierung der Flusssohle des Lechmutterbetts dient das aktive Geschiebemanagement. In Abstimmung mit dem Wasserwirtschaftsamt Donauwörth wird Geschiebe (Kies und Sand), das bei Hochwasser in den Lechkanal geschwemmt wurde, vor dem Kraftwerk Gersthofen aus dem Kanal herausgebaggert und anschließend im Unterwasser des Lechwehrs bei Gersthofen wieder in den Fluss eingebracht. Auf diesem Weg werden dem Lech nach dem Gersthofer Wehr jährlich 20 000 Kubikmeter Kies wieder zugeführt – rund tausend Lastwagenladungen.

An zwei Stellen werden dem Lech – bei normalen Pegelständen – genau definierte Wassermengen aus dem Kanal über die Auwaldbewässerung zugeführt. Dazu wird bei Gersthofen Wasser aus dem Lechkanal unterirdisch über einen Düker in einen Quelltopf östlich des Lechs geleitet,

*Westlich des Lechs wird bei Herbertshofen
Wasser aus dem Lechkanal in den Mädelelech
geleitet, das dort über Altarme im Auwald
in den Lech zurückfließt.*

*Zum Schutz der Flusssohle des Lechs vor
Erosion wird Kies aus dem Kanal beim Kraft-
werk Gersthofen und aus dem Stauraum beim
Kraftwerk Ellgau ausgebaggert und an anderer
Stelle wieder in den Lech eingebracht.*

Fischwanderungen zu Laichplätzen werden durch den Fischbach beim Wehr in Gersthofen ermöglicht.

der den Chardonnaybach speist. Der Bach wurde als Brücke zum wiederbelebten Branntweinbach geschaffen, der 1909 trockengefallen war, dessen Bett aber weiter existierte. Jetzt durchfließt der Branntweinbach wieder den ufernahen Auwald, versickert aber allmählich ins Grundwasser und wird so wieder vom Lech aufgenommen.

Westlich des Lechs wird Wasser aus dem Lechkanal in den Mädelelech bei Herbertshofen geleitet, der sich in reaktivierten Altarm-Bereichen seinen Weg durch den Auwald zurück in das Flussbett bahnt. Auch im Mädelelech finden Fische neue Lebensräume, Laichmöglichkeiten sowie Schutz vor Fressfeinden.

Der Dschungelpfad bei Gersthofen informiert
zur Natur am Lech und im Auwald.

Der Dschungelpfad
in den Lechauen Nord

Der Dschungelpfad bei Gersthofen führt entlang des Lechs und der Bäche durch Auwaldreste und über Heiden unter den Leitungstrassen. Entlang des vier Kilometer langen Lehrpfads werden auf Infotafeln Lebensräume, Tier- und Pflanzenarten des Auwalds sowie Maßnahmen der Landschaftsentwicklung und -pflege vorgestellt. An Audiomodulen hört man die Laute von Amphibien, Vögeln und Heuschrecken. Jede Station bietet neben einer Tafel für Erwachsene eine „Kindertafel" mit einem Forscherauftrag, einem Spielvorschlag, einer Geschichte oder einer anderen Aktionsidee. Über QR-Codes auf den Tafeln kommt man per Smartphone zu weiteren Inhalten. Als Einstieg in den Lehrpfad bietet sich der Parkplatz am Europaweiher an (Gersthofer Straße, bei der Lech-brücke). Weitere Parkplätze befinden sich in der Nähe. Der Dschungelpfad wurde aus dem Förderfonds eines LEW-Ökostromprodukts finanziert.

Das Gebäude der LEW-Firmenzentrale am Königsplatz, mitten im Zentrum Augsburgs.

LEW Wasserkraft und die LEW-Gruppe

Die LEW Wasserkraft GmbH ist eine hundertprozentige Tochter der Augsburger Lechwerke AG. Bis Januar 2019 firmierte LEW Wasserkraft als Bayerische Elektrizitätswerke GmbH. LEW Wasserkraft betreibt 36 Wasserkraftwerke an Donau, Günz, Iller, Lech und Wertach und ist somit ein führender Erzeuger klimafreundlicher Energie aus Wasserkraft in Bayern. Das Unternehmen erzeugt mit rund 150 Mitarbeitern jährlich eine Milliarde Kilowattstunden Strom aus regenerativer Wasserkraft. Die LEW-Gruppe ist mit 1900 Mitarbeitern als regionaler Energieversorger in Bayern und in Teilen Baden-Württembergs tätig, versorgt Privat-, Gewerbe- und Geschäftskunden sowie Kommunen mit Strom und Gas und bietet Energielösungen. Neben Wasserkraftwerken betreibt die LEW-Gruppe das Stromverteilnetz in der Region. LEW bietet zudem Dienstleistungen in den Bereichen Netz- und Anlagenbau, Energieerzeugung und Telekommunikation an.

Durch den Stausee bei Feldheim und weiteren Feuchtgebieten um das dortige Wasserkraftwerk herum ist ein international bedeutendes Vogelschutzgebiet entstanden.

Flussunterhalt bedeutet Pflege und Entwicklung

Die Dämme und Deiche der Stauanlagen werden nach naturschutzfachlichen Kriterien gepflegt und unterhalten. Kanaldämme und Hochwasserdeiche überbrücken mit Magerrasenflächen die Distanzen zwischen isolierten Heideflächen am Lech – ein Biotopverbund für gefährdete Arten. Bei Pflegearbeiten werden Neophyten bekämpft – eingewanderte und wuchernde Pflanzen wie die Kanadische Goldrute und das Drüsige Springkraut, die hier die heimische Flora verdrängen.

Bei der Sanierung des Lechkanals wurden auf seiner gesamten Länge naturnahe Uferstrukturen (Ökokeile) gestaltet. Der Uferbewuchs, der dadurch entstand, kommt der Artenvielfalt zugute. Außerdem wurden im Kanal Strukturen geschaffen, die Fischen als Schutzraum vor Fressfeinden oder als Laichplätze dienen – zum Beispiel am Grund verankerte

*Auf den Dämmen müssen Neophyten wie die
Kanadische Goldrute beseitigt werden.*

Totholzstapel. Steinerne Buhnen (kleine Dämme am Ufer)
halten das rasch fließende Wasser auf, bilden Strudel und
Ruhezonen für Fische. Stauseen haben sich durch Verlan-
dungsvorgänge zu wertvollen Feuchtgebieten entwickelt.

*In den Kanal eingebrachte Totholzhaufen
dienen Fischen als Laichplatz und Schutzzone.*

Die nach naturschutzfachlichen Kriterien gepflegten und unterhaltenen Dämme am Lech sowie am Lechkanal überbrücken mit ihren Magerrasenflächen die Lücken zwischen den artenreichen Heiden am Fluss.

Zur Pflege der Lechufer gehören Baumaßnahmen wie diese treppenartige Ufersicherung: Sie hat eine ökologische Funktion und ermöglicht den Aufenthalt am Wasser.

Der Stausee Feldheim ist sogar ein Vogelschutzgebiet von europäischem Rang. Zur Gewässerentwicklung legten hier die Wasserbauspezialisten von LEW Wasserkraft eine „zweite Uferlinie" an. So entstehen geschützte kleine Inseln, die von Vögeln als Brutplatz genutzt werden.

Nicht nur die Kraftwerksbetreiber, sondern auch das Wasserwirtschaftsamt Donauwörth trägt mit Planungen und Pflege zum Artenschutz am Lech bei. Darüber hinaus kümmern sich zahlreiche Verbände und Vereine wie zum Beispiel der Naturwissenschaftliche Verein für Schwaben, die Landschaftspflegeverbände der Landkreise und der Landschaftspflegeverband der Stadt Augsburg, der Landesbund für Vogelschutz, der Bund Naturschutz, der Fischereiverband Schwaben und der Verein Lebensraum Lechtal um den Naturschutz und die Strukturentwicklung am Lech. Landschaftspflegeverbände sind heute die Träger der Wanderschäferei im Lechtal. Dieser vormals bedeutende Wirtschaftszweig war in den 1950er Jahren völlig zusammengebrochen. Heute ziehen wieder mehrere Wanderschäfer durch das Lechtal: Das Fleisch ihrer Schafe wird als „Lechtallamm" verkauft, die Schafwolle wird mitunter sogar bis nach China exportiert.

Wanderschäferei ist eine der Landschaftspflegemaßnahmen im bayerischen Lechtal – hier eine Herde bei Lagerlechfeld.

Kiesbänke, Altarme und Stauräume sind wichtige Lebensräume: Flussentwicklungsprojekte sollen den Lech deshalb naturnäher gestalten.

Flussentwicklungsprojekte werten den Lech ökologisch auf

Dass Altarme, mäandrierende Seitenarme und Rinnen sowie offene Kiesbänke am Lech rar geworden sind, nimmt etlichen Tier- und Pflanzenarten den Lebensraum. Ein groß angelegtes Projekt des Wasserwirtschaftsamts Donauwörth will das ändern: „Licca liber – der freie Lech" zielt darauf ab, den Fluss zu stabilisieren und zu renaturieren. Das Gesamtvorhaben ist in mehrere Planungsabschnitte eingeteilt und bezieht sich auf den Bereich zwischen dem Mandichosee – der Staustufe 23 – und der Mündung in die Donau. Vorrangige Ziele sind die Wiederherstellung der Durchgängigkeit des Lechs durch Umgehungsgewässer und die Schaffung naturnaher Stauräume.

Wasserwirtschaftliche und ökologische Ziele werden mit den betroffenen Gemeinden abgestimmt. Sie werden durch einen „Flussdialog" im Planungsprozess ebenso berücksichtigt wie Bürger, die zur Mitwirkung in Planungswerkstätten eingeladen

Projekte am Lech sollen die Zugänglichkeit des Flusses und seiner Auen verbessern. Unter anderem wurde 2019 damit begonnen, an einem durchgängigen Radweg zu arbeiten, der den Lech vom Oberlauf in Tirol bis zu seiner Mündung bei Marxheim (im Landkreis Donau-Ries) begleiten soll.

werden. Erste Planungsschritte beim Projekt „Licca liber" befassen sich mit dem Abschnitt von der Staustufe 23 und dem Gersthofer Wehr.

Parallel dazu erstellt LEW Wasserkraft seit 2016 gemeinsam mit dem Wasserwirtschaftsamt Donauwörth ein Konzept für die Flussentwicklung am Unteren Lech – zwischen der Mündung des Lechkanals in den Lech sowie der Mündung des Flusses in die Donau. Im Mittelpunkt des Umsetzungskonzepts steht auch hier die ökologische Aufwertung des Lechs. Dabei geht es vor allem um die Wiederherstellung der Durchgängigkeit mithilfe von Umgehungsgewässern und die naturnahe Gestaltung von Stauräumen. Wie bei „Licca liber" spielt beim Projekt von LEW Wasserkraft die Einbindung der Öffentlichkeit eine große Rolle. Bürger können in Planungswerkstätten, bei Infoveranstaltungen und Exkursionen Pläne diskutieren, Ideen sammeln und Vorschläge einbringen.

Am Lech werden auch Maßnahmen zur Naherholung und Umweltbildung umgesetzt. 2019 begann die Allgäu GmbH mit Partnern das Projekt „Lech-Radweg – grenzüberschreitendes Modellvorhaben für E-Mobilität und Digitalisierung im Tourismus": Vom Oberlauf des Lechs in Tirol bis zur Flussmündung entsteht eine einheitliche naturnahe Route mit radfahrgerechter Infrastruktur. Das grenzüberschreitende Projekt wird über das EU-Programm Interreg gefördert.

Lechmuseum Bayern
Ein einzigartiges Flussmuseum

*Das Lechmuseum Bayern wurde im Juni 2008
von der Lechwerke AG im historischen Langweider Wasserkraftwerk von 1907 eröffnet.*

Das Lechmuseum Bayern
im Wasserkraftwerk Langweid

Mit dem Lechmuseum Bayern im historischen Wasserkraftwerk der Lechwerke in Langweid sei „ein bundesweit
einzigartiges Flussmuseum" entstanden, stellte Dr. Peter
Fassl, Bezirksheimatpfleger des Bezirks Schwaben und
einer der Festredner bei der Eröffnung des Museums im
Juni 2008, fest. Dabei war zunächst nur die Neugestal-
tung des in die Jahre gekommenen Informationszentrums
der Lechwerke AG im Historismusbau geplant. Die neue
Museumskonzeption griff dann allerdings viel weiter.

Am Ende entstand mit dem Lechmuseum Bayern eine
multimediale Inszenierung des Lechs – des Flusses, der
seit Jahrtausenden das Leben von Menschen zwischen
den Alpen und der Donau prägt. Das Lechmuseum be-
findet sich in einem Wasserkraftwerk, das seit 1907 Strom
produziert. Mit einem begehbaren hydraulischen Raum –

Vor dem Eingang zum Wasserkraftwerk Langweid – das Logo des Lechmuseums Bayern.

der historischen Turbinenkammer und Auslaufkammer –
war das „Hauptexponat" des Museums, ein sehenswertes
Technikdenkmal, bereits vorhanden. Um dieses Denkmal
der Ingenieurskunst sollte aber zudem ein Museum für

*Mit dem großen Polrad des Generators von
1907 beginnt der Turbinenpfad des Museums.*

Eine Turbinenkammer im Wasserkraftwerk
wurde bereits 1993 zugänglich gemacht.

verschiedenste Zielgruppen konzipiert werden – Politiker
sowie Vertreter von Verwaltungen und Verbänden können
sich ebenso informieren wie Familien und Schulklassen.

In der Auslaufkammer: Durch die trompeten-
förmigen Saugrohre floss das Wasser aus der
darüberliegenden Turbine ab.

Wellenförmige Ausstellungswände informieren mit Text, Bild und Ton zu Themen am Lech.

Auf vier Ebenen – im zweigeschossigen hydraulischen Raum mit der Generatorenhalle im Erdgeschoss und in den beiden darüber liegenden Stockwerken – wird nicht „nur" Stromerzeugung aus Wasserkraft und die über hundertjährige Geschichte des regionalen Energieversorgers Lechwerke nahegebracht. Vielmehr zeigt dieses Museum auch die Vielschichtigkeit der Themen um den Lech und sein Tal – also Geologie und Geografie, Fauna und Flora, Geschichte, Kultur und Kunst, Freizeit und Tourismus sowie Wirtschaftsgeschichte, Wasserwirtschaft und Wasserbau. Als anschauliches Medium, das Besuchern fast aller Altersstufen die Geschichte des Flusses, des Tals und seiner Bewohner nahebringt, dient ein mehr als 20 Minuten langer Museumsfilm. Diese filmische Flussreise leitet den Lech entlang von den Quellen im Oberen Lechtal über das Mittlere und Untere Lechtal bis zur Mündung.

Wellenförmige Ausstellungswände mit Text und Bild sowie Exponate in den Vitrinen, Schubladen und Klappen, hinter denen sich teils speziell für Kinder konzipierte Informationen und Hörbilder finden, Gucklöcher und kind-

*Ein Baumodell des Langweider Kraftwerks
im Lechmuseum vermittelt Kindern spielerisch
die Funktionsweise eines Wasserkraftwerks.*

gerechte Computerspiele vermitteln den Lech und das
Lechtal sowie deren Themenfülle. Die Dauerausstellung
im Obergeschoss informiert zusätzlich zu Strom, Energie-

*Der Museumsfilm lädt zur Flussreise entlang
des Lechs und durch seine Geschichte ein.*

*Witzige Idee im Eingangs-
bereich des Lechmuseums
Bayern: Die Besucher laufen
dort auf einer Bodenprojektion
buchstäblich auf dem Wasser.
Unter ihren Füßen schwimmen
Fische über die Lechkiesel.*

sparen und regenerativen Energien. Kinder lernen im
Museum spielerisch: Sie suchen (virtuell) Schätze am Lech,
erforschen die Tiere des Tals und deren Lebensräume, be-
suchen Prominenz am Lech und begleiten einen Reisenden
des 16. Jahrhunderts auf seinem Weg durch das Lechtal.

Vor und in der Turbinenkammer des Wasserkraftwerks erklärt ein Turbinenpfad mit elf Infotafeln die Funktionen
des Technikdenkmals. Die Bau- und Funktionsweise des
Kraftwerks erläutert der Kraftwerkspfad im Außenbereich.
Zu den acht Stationen dieses Pfads gehört auch ein nach
historischen Vorbildern nachgebautes Lechfloß.

*__Der Kraftwerkspfad__ Acht Stationen des
Kraftwerkspfads erklären den Bau und die
Funktionsweise des Wasserkraftwerks. Für das
Museum wurde zudem ein Lechfloß nachge-
baut. Mehr zu den Infomationen des Kraft-
werkspfads auf den Seiten 192 bis 199.*

*__Der Turbinenpfad__ Elf Stationen des
Turbinenpfads verdeutlichen die Funktions-
und Bauweise der historischen Francis-Turbine,
des Technikdenkmals im Langweider Wasserkraftwerk. Mehr zu den Informationen des
Turbinenpfads auf den Seiten 200 bis 211.*

Das Wasserkraftwerk

Das Wasserkraftwerk Langweid wird von der LEW Wasserkraft GmbH betrieben. Ab 1906 entstand der ältere Teil
des Kraftwerks im Historismusstil: In Betrieb genommen
wurde das Wasserkraftwerk am 18. November 1907. Von
1906 bis 1911 lieferte die Maschinenfabrik Augsburg-
Nürnberg AG vier Turbinen (je 1500 PS Leistung). 1938
entstand der östliche Anbau. Dort wurde eine vertikale
Kaplan-Turbine eingebaut und mit einem Drehstrom-
Synchrongenerator gekoppelt. 1993 hat man das Kraftwerk weiter verbessert: Drei – 1955/56 modernisierte –
Francis-Turbinen aus der Zeit von 1906 bis 1911 wurden
durch Kegelrad-Rohrturbinen ersetzt. Eine Francis-Turbine
im westlichen hydraulischen Raum blieb als Technikdenkmal erhalten. Die Turbine von 1938 und drei Turbinen von
1993 decken den Strombedarf von 18 000 Haushalten.

Aktuelle technische Daten

- drei Kegelrad-Rohrturbinen mit Drehstrom-
  Synchrongeneratoren (je 1630 kW),
  Turbinen jeweils 191 Umdrehungen pro Minute,
  Generatoren 750 Umdrehungen pro Minute
- eine vertikale Kaplan-Turbine (2400 kW),
  150 Umdrehungen pro Minute
- maximale Leistung 7290 kW, Fallhöhe 7,2 m,
  maximaler Wasserdurchfluss 125 Kubikmeter
  pro Sekunde (125 000 Liter/Sekunde), durch-
  schnittliche Erzeugung 45 Millionen kWh im Jahr

Technisches Denkmal im Inneren

Im Inneren des Kraftwerks konnte eine der
ursprünglich eingesetzten Francis-Turbinen von
1907 erhalten werden. Zu diesem technischen
Denkmal gehört ein hölzernes Einlaufschütz,
das früher bei Betrieb geöffnet war: Das Wasser
strömte durch das Einlaufschütz zur Turbine. Die
Betonwand des Einlaufkanals wurde 1993 bei
der Modernisierung zurückgebaut. Der zweigeschossige hydraulische Raum – bestehend aus
Turbinen- und Auslaufkammer – ist begehbar.

Das Floß

Zwischen der Vilsmündung nahe Füssen und der Donau war der Lech für die Flößerei geeignet. Zu den Spitzenzeiten fuhren Tag für Tag Flöße im 15- bis 20-Minuten-Takt den Lech hinunter. Die von vielen Bestimmungen streng geregelte Lechflößerei war ein gefährlicher Beruf. Er kostete Flößerknechten nicht selten die Gesundheit, manchmal sogar das Leben. Es gab mehrere Floßtypen: Fernhandelsflöße waren rund sechs Meter breit und elf bis 15 Meter lang. Die Versorgungsflöße, die in die Augsburger Floßkanäle einfuhren, waren in der Regel viereinhalb Meter breit und sieben Meter lang. Seit 1580 gab es „Ordinari-Floßfahrten" bis nach Wien. 1876 führte eine Floßordnung sieben Meter breite und 40 Meter lange Flöße auf. Die Floßschleuse des 1907 fertiggestellten Wasserkraftwerks in Langweid ist erhalten.

Wie man ein Floß baut

- Das Floß im Lechmuseum wurde im Walderlebniszentrum Ziegelwies in Füssen gebaut. Es ist drei Meter breit und acht Meter lang, Flöße besaßen die unterschiedlichsten Maße.
- Die Balken des Floßes sind mit „Wieden" – aus im Backofen „gebackenen" und dadurch biegsam gemachten Hasel- oder Fichtenruten – und mit Holznägeln verbunden. Eine Holzhütte als Schutzbau hatten früher wohl nur die deutlich größeren Fernhandelsflöße.

Was oder wen transportierten die Lechflöße?

Lechflößerei gab es seit den Römern: Sie transportierten Steine, Bau- und Brennholz für die Thermen, aber auch Luxusgüter wie Austern oder Mittelmeerfische. Später wurde fast alles transportiert – Erz, Häute, Wein, Färbemittel, Skulpturen und Möbel. Außer Waren und Baumaterial flößte man Reisende samt Pferden und Kutsche, Soldaten, Kühe und 1630 sogar den Kaiser bis zur Donau hinab. Lechaufwärts wurde getreidelt – Knechte oder Pferde zogen das Floß.

Der Lechkanal

Ab 1898 wurde parallel zum natürlichen Flussbett des Lechs zwischen Gersthofen und Ellgau ein Kanal für am Ende drei Wasserkraftwerke, darunter das Wasserkraftwerk in Langweid, gegraben. Der erste Kanalabschnitt für das Wasserkraftwerk Gersthofen war (bis zum damaligen Auslaufwerk) rund vier Kilometer lang. Durch den Ausbau für die Kraftwerke in Langweid und Meitingen wurde der 28,5 Meter breite Lechkanal bis 1922 auf 17,8 Kilometer verlängert. Lechwasser wird durch ein 80 Meter breites Stauwehr bei Gersthofen (Kanalkilometer 0) in den Lechkanal ausgestaut. Das Wasserkraftwerk Gersthofen liegt bei Kanalkilometer 3,0, das Kraftwerk in Langweid bei Kanalkilometer 9,0 und das Kraftwerk in Meitingen bei Kanalkilometer 14,5. Der Lechkanal endet bei Kanalkilometer 17,8 mit dem Auslaufbauwerk bei Ostendorf.

Kraftwerke am Lechkanal

Mit ihren drei Kraftwerken am Lechkanal in Gersthofen, Langweid und Meitingen erzeugt LEW Wasserkraft pro Jahr durchschnittlich fast 200 Millionen Kilowattstunden Strom. So können mehr als 75 000 Haushalte umweltfreundlich mit Energie versorgt werden. In Bayern werden am Lech zwischen Roßhaupten am Forggensee (Landkreis Ostallgäu) und Feldheim (Landkreis Donau-Ries) mehr als 30 große und zahlreiche kleinere Wasserkraftwerke betrieben.

Gründe für den Bau eines Kraftwerkkanals

Dass man sich bis 1898 für den Bau eines Treibwasserkanals parallel zum Lechmutterbett entschied, hatte mehrere Beweggründe. Der Bau eines Kanalkraftwerks war technisch einfacher zu bewerkstelligen als der Bau eines Kraftwerks in einem Flussbett. Ein Kanal bot insbesondere den Vorteil, dass das Treibwasser bedarfsgenau und konstant aus dem Fluss ausgestaut werden konnte. Vor den oft reißenden Lechhochwassern war ein Kanalkraftwerk somit bestens geschützt.

Das Einlaufbauwerk

Das Einlaufbauwerk mit den Turbineneinläufen liegt unter der vor dem Kraftwerksgebäude wenig bewegten und dort rund 60 Meter breiten Wasseroberfläche. Die Stromerzeugung lässt sich hier nur erahnen. Der Höhenunterschied zwischen dem Kanal vor dem Wasserkraftwerk („Oberwasser") und hinter ihm („Unterwasser") beträgt mehr als sieben Meter. Der Rechen vor den vier Einläufen hält Treibgut und Abfälle aus dem Lechkanal zurück. Er wurde früher aufwendig von Hand gereinigt – eine gefährliche Tätigkeit. Heute erledigt das eine automatische Rechenreinigungsmaschine, die Schwemmgut über ein Fördersystem abtransportiert. Unterhalb der Kanalmauer erkennt man das hölzerne Einlaufschütz von 1907. Wenn es hochgezogen war, lief das Treibwasser aus dem (1993 verlegten) Oberwasser in die dahinter liegende Turbine.

Wasser für das Kraftwerk

In jeder Sekunde fließen maximal 125 Kubikmeter Wasser in die vier Einläufe des Wasserkraftwerks Langweid: Das sind bis zu 125 000 Liter pro Sekunde – die Wassermenge von rund 800 Badewannen. Jährlich wird so Strom für circa 18 000 Haushalte erzeugt. Das technische Denkmal der Francis-Turbine von 1907 hinter einem Einlaufschütz wurde trockengelegt und erhalten. Eine ehemalige Turbinenkammer ist über das Kraftwerksinnere zu begehen.

Abfallreinigung durch Kraftwerksrechen

Der Rechen besteht aus parallel angeordneten Stäben, die vom Grund bis zur Wasseroberfläche reichen. Größere Fremdkörper bleiben hängen. Sie werden „ausgekämmt" und in Container verladen. Allein in Langweid werden im Jahr bis zu 140 Tonnen Treibgut und Müll aus dem Kanal geholt. An 36 Kraftwerken filtert die LEW Wasserkraft GmbH bis zu 4000 Tonnen jährlich aus Lech, Donau, Iller, Günz und Wertach. Jährliche Entsorgungskosten: knapp eine halbe Million Euro.

Das Auslaufbauwerk

Die Fassade des Wasserkraftwerks Langweid erinnert uns heute eher an ein Schloss als an ein technisches Bauwerk. An der Nordseite sind vier Rundbogenfenster der Generatorenhalle an den Maschinenachsen von 1907 ausgerichtet. 1938 erweiterte man diesen Historismus-bau an der Ostseite um einen Anbau im Stil der Neuen Sachlichkeit, um den Platz für eine zusätzliche Turbine zu gewinnen. Unter diesem Mansarddach befand sich bis zum Jahr 1993 eine Schleuse für Boote und Flöße. Als man das Kraftwerk errichtete, gab es auf dem Lech noch Flößerei: Nur wenige Jahre später wurde sie wegen der Konkurrenz durch die Eisenbahnen aufgegeben. Heute wird durch die ehemalige Schleuse Wasser abgelassen, wenn Maschinen wegen Wartungsarbeiten oder bei Hochwasser abgestellt werden müssen ("Leerschuss").

Die Schleuse

Als das Wasserkraftwerk Langweid geplant wurde, musste Rücksicht auf das Projekt einer Schifffahrtsstraße von der Donau nach Augsburg genommen werden – auch deshalb wurde die Schleuse gebaut. Um das Jahr 1900 plante man einen Flusshafen im Osten der Augsburger Altstadt, der am Äußeren Stadtgraben – bei der heutigen Bert-Brecht-Straße – entstehen sollte. Dieses Projekt und spätere Planungen wurden allerdings nie verwirklicht.

Der Weg des Lechs zur Donau

Von der Quelle in Vorarlberg in Österreich bis zur Donau ist der Lech mehr als 260 Kilometer lang. Zwischen Langweid und der Mündung nahe dem Dorf Lechsend (Gemeinde Marxheim, Landkreis Donau-Ries) fließt der Lech noch circa 28 Kilometer. Das Treibwasser im Lechkanal wird neun Kilometer nördlich von Langweid nach dem letzten Wasserkraftwerk der LEW Wasserkraft GmbH bei Meitingen in das natürliche Flussbett des Lechs zurückgeleitet.

Das Umspannwerk

Der Strom, den vier Generatoren im Kraftwerk Langweid erzeugen, wird über ein Umspannwerk auf dem Kraftwerksgelände ins Stromnetz der Lechwerke eingespeist. Wasserkraftwerke erzeugen Strom mit einer relativ niedrigen Spannung: Um ihn über weite Strecken leiten zu können, wird er auf eine höhere Spannung transformiert. Das Wasserkraftwerk in Langweid erzeugt Strom mit einer Spannung von 10 000 Volt. Im Umspannwerk arbeiten zwei Transformatoren: Der kleinere Transformator auf einer Seite der Betonwand erhöht die Spannung auf 20 000 Volt. Der größere Transformator auf der ihm gegenüberliegenden Seite erhöht sie auf 110 000 Volt. Wegen der hohen Spannung ist das Betreten eines Umspannwerks lebensgefährlich. Aus Sicherheitsgründen werden Umspannwerke von einem Schutzzaun umgeben.

Wohin fließt der Strom?

Das Kraftwerk in Langweid ist nur eines von 36 Wasserkraftwerken, die LEW Wasserkraft am Lech und an der Wertach, an der Donau, der Iller und der Günz betreibt. Der in diesen Wasserkraftwerken produzierte Strom trägt dazu bei, im LEW-Netzgebiet ungefähr eine Million Menschen zu versorgen. Die Lechwerke beliefern im bayerischen Regierungsbezirk Schwaben sowie im angrenzenden Oberbayern und Württemberg rund 280 Städte und Gemeinden mit Energie.

Umspannwerke und Versorgungsnetz

Im LEW-Netzgebiet gibt es rund 120 Umspannwerke. Elektrische Energie wird von dort über ein Mittelspannungsnetz mit 20 000 Volt beziehungsweise 10 000 Volt in mehr als 9000 Ortsnetzstationen geleitet. Hier wird der Strom auf die haushaltsübliche Niederspannung von 230/400 Volt gebracht. Alle Umspannwerke funktionieren jeweils ohne den Einsatz von Personal vor Ort. Sie werden von der LEW-Netzleitstelle in Augsburg fernüberwacht und ferngesteuert.

Der Damm

Die Dämme, die den Lechkanal begrenzen, sind bis zu acht Meter hoch. Sie werden abhängig vom natürlichen Gefälle des Wasserlaufs nur vor den Kraftwerken errichtet. Nach den Kraftwerken verläuft der Lechkanal innerhalb eines natürlichen Geländeeinschnitts. Die Dämme bestehen hauptsächlich aus Kies und anorganischem Material. Sie erhalten an der dem Kanal zugewandten Seite drei Asphaltschichten – zuunterst eine wasserdurchlässige Drainageschicht, darüber eine zweite, nahezu wasserundurchlässige Schicht. Unter der Wasseroberfläche liegt der sogenannte Ökokeil: Er besteht aus einer dritten Asphaltschicht, die Flussbausteine am Ufer fixiert. Der Ökokeil ist keine technische Notwendigkeit: Durch ihn sollen sich vielmehr Wasserpflanzen und damit Biotope entwickeln können, die natürlichen Flussufern ähneln.

Wege auf dem Damm

Auf den Dammkronen verlaufen befestigte Wege, auf denen Mitarbeiter der LEW Wasserkraft GmbH auch mit schwerem Gerät fahren können. Dies ist wichtig, um die Unterhaltsmaßnahmen an den Dämmen durchführen zu können. Alle Dämme werden regelmäßig durch Begehungen kontrolliert, um ihren technischen Zustand zu überprüfen sowie die eventuell notwendigen Pflegearbeiten und Reparaturen festzustellen.

Dämme und Deiche

Dämme am Lechkanal haben die Funktion, dauerhaft Wasser aufzustauen und zum Kraftwerk hinzulenken. Unter Deichen versteht man im Binnenland künstlich aufgeschüttete Dämme, die entlang von Flüssen zur Abwehr von Hochwassergefahren errichtet werden. Auch dies ist eine Aufgabe von Wasserkraftwerksbetreibern wie der LEW Wasserkraft GmbH: Denn sie pflegt die entlang der Flüsse Lech und Wertach, Iller und Günz errichteten Deiche.

Pflanzen auf dem Damm

Auf den der Sonne zugewandten Böschungen der Dämme entlang des Lechkanals wachsen typische Vertreter der Magerrasenvegetation: zum Beispiel Hornklee, Skabiosen, Habichtskraut, Wiesensalbei, Thymian und Schafgarbe. Ständige Uferpflege zum Schutz dieser Dämme erhält den ökologisch wertvollen Magerrasen. Um Verbuschung zu vermeiden, die den Damm zerstören würde, werden Bäume und Sträucher in Abstimmung mit den Naturschutzbehörden regelmäßig zurückgeschnitten oder vollständig entfernt. Auch durch Auwaldbewässerung und den Erhalt von Kiesinseln entstehen Lebensräume für Tiere und Pflanzen. Damit tragen die Kraftwerksbetreiber dazu bei, die europaweit bedeutende Funktion des Lechtals als eine Biotopbrücke zwischen den Lechtaler Alpen und der Donau zu bewahren.

Lebensraum für gefährdete Arten

Das Lechtal ist die direkte Verbindung zwischen den Alpen und dem Fränkischen Jura, der am Ostufer der Donau beginnt. Fauna und Flora nutzen seit der Nacheiszeit das Lechtal als Wanderstraße. Viele gefährdete Tier- und Pflanzenarten sind in Schutzgebieten entlang des Lechs anzutreffen: Beispiele dafür sind der Flussregenpfeifer, zahlreiche Orchideenarten sowie vom Aussterben bedrohte Reptilien, Amphibien, Tagfalter, Laufkäfer und Libellen.

Ökologische Maßnahmen

Lebensräume am Lech werden auch durch Maßnahmen der LEW Wasserkraft GmbH bewahrt. Am Gersthofer Wehr wurde eine Fischtreppe angelegt. Um die Flusssohle zu stabilisieren, aber auch, um Kiesbänke zu erhalten, wird Kies in den Lech eingebracht. Wasser aus dem Lechkanal wird in Auwälder zwischen Lech und Lechkanal eingeleitet: Es bewässert kilometerlange Bäche, die ökologische Funktionen früherer Altarme des Flusses übernehmen.

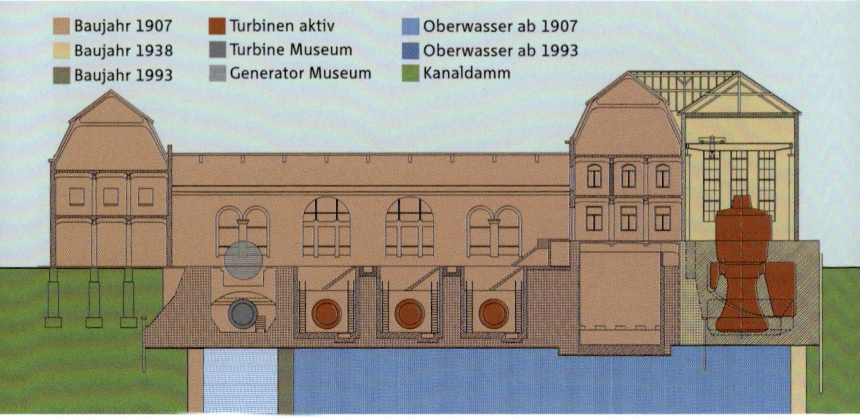

Baujahr 1907
Baujahr 1938
Baujahr 1993
Turbinen aktiv
Turbine Museum
Generator Museum
Oberwasser ab 1907
Oberwasser ab 1993
Kanaldamm

Das Kraftwerk im Schnitt

Wie mit den von 1906 bis 1911 installierten vier Francis-Doppelzwillingsturbinen Strom erzeugt wurde, zeigt der Turbinenpfad des Lechmuseums Bayern. Besuchern des Turbinenhauses im Wasserkraftwerk Langweid fällt es oft schwer, sich vorzustellen, dass ihr Weg um die Museumsturbine im hydraulischen Raum gleichsam „unter Wasser" abläuft. Die Schnittzeichnung lässt erkennen, dass das Kanalwasser, das ab 1911 in vier hydraulischen Räumen jeweils eine Turbine antrieb, von oberhalb des Kraftwerks (vom Oberwasser) in die Turbinen floss und nach dem Kraftwerk im Unterwasser austrat. Eine der Turbinen der ersten Generation ist als technisches Denkmal erhalten.

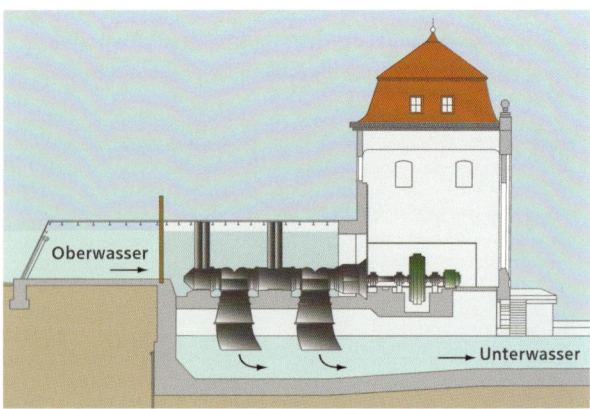

Der Generator

Seit 1911 erzeugten im Wasserkraftwerk Langweid vier
Generatoren Strom: Vier Francis-Doppelzwillingsturbinen
trieben jeweils das große Polrad ihres Generators durch
Kraftübertragung über ihre Turbinenwelle an. So erreichte man jeweils – bei einer Drehzahl von 150 pro Minute –
mit jeder Turbine eine Maximalleistung von 1500 PS
(1100 kW). Die Generatoren wandelten die mechanische
Energie über elektromagnetische Induktion in elektrische Energie um. Die real generierte Turbinenleistung
hing von der Wassermenge ab, die jeweils durch die
hydraulischen Räume floss. Ein von der AEG gelieferter
Generator ist als Technikdenkmal im Museum zu sehen.

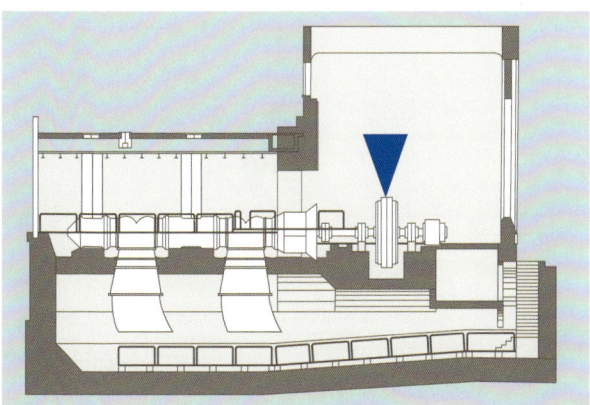

Der hydraulische Turbinenregler

In einem relativ kleinen Gehäuse neben dem mächtigen
Generatorenrad verbarg sich sozusagen das „Gehirn" der
Turbine. Denn im hydraulischen Turbinenregler wurden
zur Stromerzeugung benötigte Informationen – etwa
die Drehzahl und Leistungsanforderungen – umgesetzt
und der Öldruck für die erforderliche Verstellarbeit des
Hydraulikzylinders erzeugt. Das Starten, Abstellen und
die Leistungsregulierung der Turbine erfolgten über das
große Steuerrad. Die innere Automatik, bestehend aus
Fliehkraftpendel mit angeschlossenem Hebelgestänge
und hydraulischen Ventilen, sorgte für die passende
Leitapparatstellung an der Turbine.

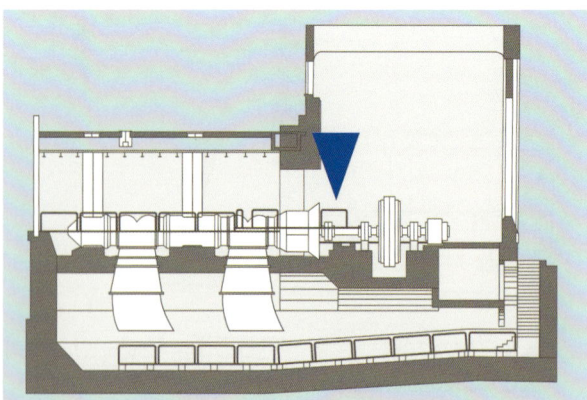

Der Eingang zur Turbinenkammer

Der Eingang zum hydraulischen Raum führt in die Turbinenkammer. Als die Francis-Turbine noch im Einsatz war, stand dort Wasser aus dem Lechkanal bis knapp unter die Holzbohlendecke. Um für Besucher eines – lang vor der Eröffnung des Lechmuseums Bayern im Jahr 1993 eingerichteten – Informationszentrums einen Zugang zu schaffen, hat man die dicke Betontrennwand zwischen Turbinenkammer und Generatorenhalle durchbrochen. Gut zu erkennen ist eine Reihe von Kernbohrungen, die den halbkreisförmigen Durchbruch ermöglichte. Dort sind übrigens kaum Stahlarmierungen zu sehen, wie sie heute bei Betonkonstruktionen üblicherweise verbaut werden.

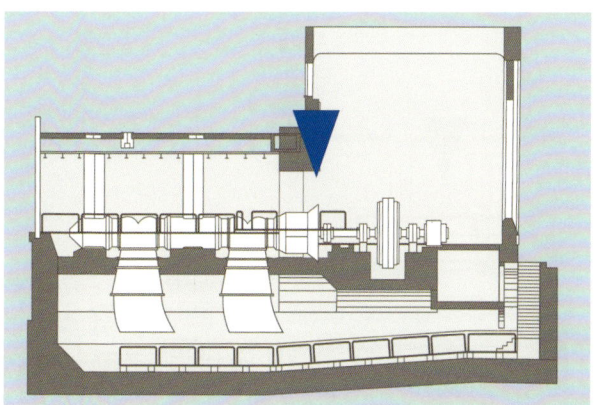

Die Turbinenkammer

Im Obergeschoss des zweigeschossigen hydraulischen Raums hat man 1993 eine der vier 1907 gebauten Turbinenkammern museal erhalten. Die Turbinenkammer war die Einlaufkammer für das Treibwasser aus dem Lechkanal, das über das höher liegende Oberwasser vor dem Kraftwerk bei offenem Schütz durch die Turbine strömte. In vier Turbinenkammern trieben vier zwischen 1906 und 1911 gelieferte horizontale Francis-Doppelzwillingsturbinen über jeweils eine Turbinenwelle je einen Strom erzeugenden Generator an. Durch je zwei Fallrohre – die Saugrohre – floss das Treibwasser in den vier Turbinenkammern in ihre darunter liegende Auslaufkammer ab.

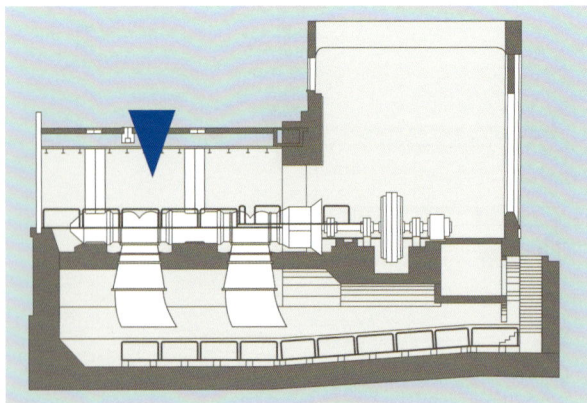

Turbine und Turbinenwelle

In jeder der vier Turbinenkammern lag ab 1911 je eine horizontale Francis-Doppelzwillingsturbine, die über die zentrale Turbinenwelle je einen Strom erzeugenden Generator antrieb. Drei dieser Turbinen wurden 1993 ausgetauscht, eine hat man als technisches Denkmal erhalten. Bei den für mittlere Fallhöhen gut geeigneten Francis-Turbinen wird das Laufrad radial von außen an-geströmt. Die Francis-Turbine ist nach dem US-amerika-nischen Ingenieur James B. Francis benannt, der sie Mitte des 19. Jahrhunderts entwickelt hat. In Augsburg wurden Wasserturbinen erst 1902 zur Stromerzeugung genutzt, im Wasserkraftwerk Gersthofen ab 1901.

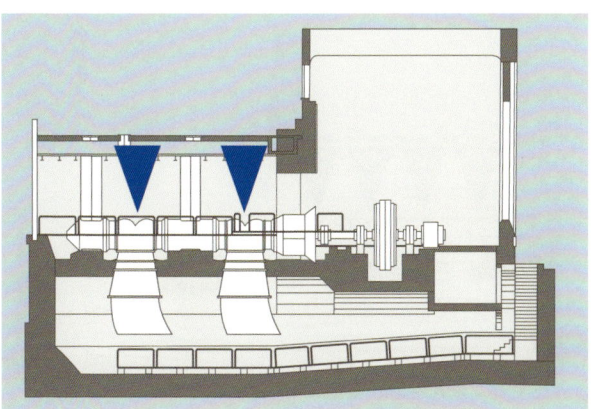

Die Leitapparatschaufeln

Durch die verstellbaren Leitapparatschaufeln floss das Wasser ein, um die Laufräder der Turbinen anzutreiben. Diese verstellbaren Einlässe bildeten zusammen mit dem Gestänge und einer hydraulisch gesteuerten Welle den Leitapparat. Die Schaufeln wurden über diese Welle und das Gestänge hydraulisch geöffnet beziehungsweise geschlossen. Nach dem Synchronisieren – also wenn die Turbine Strom an das Netz abgab – regulierten diese Klappen die Menge des durchfließenden Wassers und damit auch die Leistung des Maschinensatzes. Je mehr Wasser in die Turbine floss, desto mehr Leistung konnte der Generator erzeugen.

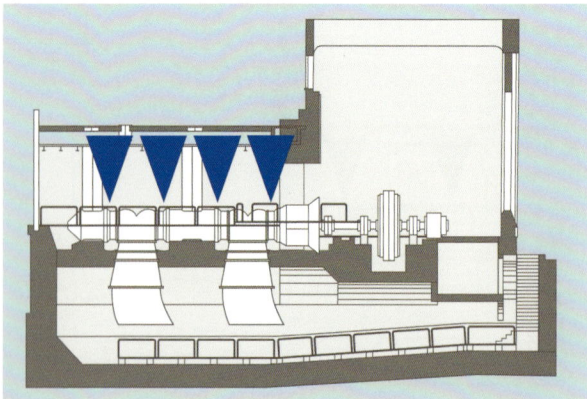

Die Verstellhebel am Leitapparat

Mit einer langen Welle und mit Gelenkstangen wurden
die Leitapparatschaufeln über die Regulierringe ver-
stellt. Die erforderliche Öffnung wurde vom hydraulischen Turbinenregler entsprechend den Leistungsanforderungen vorgegeben. Diese Einstellung nahm früher
der zuständige Maschinist per Hand am Regler vor.
Mit der Entwicklung der Fernsteuertechnik konnte diese
Arbeit allerdings von einer zentralen Steuerstelle über-
nommen werden. Im regulären Betrieb waren – anders
als heute bei der Schauturbine des Technikdenkmals –
sämtliche Verstellhebel und damit alle Leitapparatschaufeln völlig synchron in identischer Position.

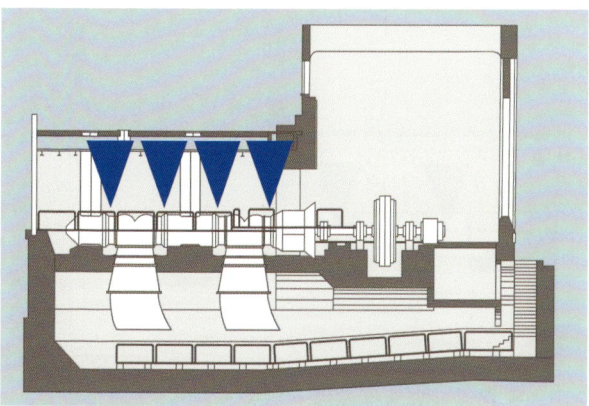

Die Saugrohre

Nachdem das Treibwasser durch die Turbinenschaufeln
geströmt war, floss es durch eines der beiden Saugrohre
in die betonierte Auslaufkammer. Durch die trompeten-
artige Form der Saugrohre ergab sich eine Sogwirkung,
die in Kombination mit dem Druck des einfließenden
Wassers die Turbinenräder antrieb. Entscheidend für den
Antrieb – und damit für die Leistung der Turbine – ist die
Fallhöhe des Treibwassers – also der Höhenunterschied
zwischen dem Niveau des Zulaufs (Oberwasser) und des
abfließenden Wassers (Unterwasser). Im 1907 in Betrieb
genommenen hydraulischen Raum des Kraftwerks Langweid betrug das Nutzgefälle mehr als sieben Meter.

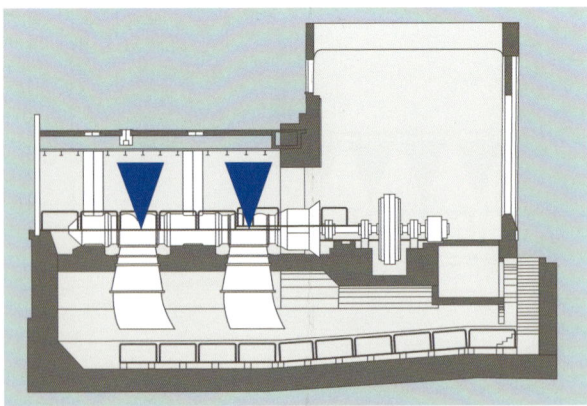

Die Einstiegsschächte

Kaminartige Röhren dienten den Wartungsmannschaften als Einstiegsschächte zu den tiefer liegenden Wellenlagern. Die 19 Meter lange stählerne Turbinenwelle lief hier in ölgeschmierten Gleitlagern, die durch Dichtungen vor dem eindringenden Wasser geschützt wurden. Die Maschinisten mussten die Leitschaufellagerungen abschmieren und außerdem kontrollieren, ob alle Dichtungen in Ordnung waren, ob eine erhöhte Öltemperatur Lagerschäden ankündigte oder ob außergewöhnliche Geräusche zu hören waren. Im Innern der vom Rechenpodium aus zugänglichen Schächte war für diese Arbeit nur äußerst wenig Platz vorhanden.

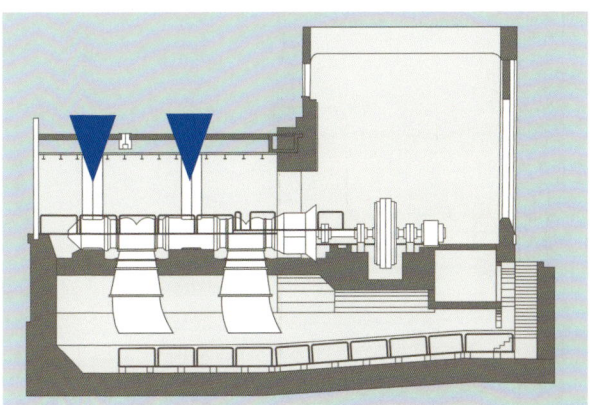

Das Schütz

Vor jeder der vier horizontalen Francis-Doppelzwillingsturbinen konnte ein hölzernes Schütz geöffnet oder
geschlossen werden, um dadurch den Zulauf von Treibwasser aus dem Oberwasser in den hydraulischen Raum
zu steuern. Nur bei einem geschlossenen Schütz konnte
man die Turbinenkammer trockenlegen, um Wartungsarbeiten an einer Turbine durchzuführen oder Störfälle
zu beseitigen. Ein typischer Störfall war ein eingeklemm-
ter Ast im Leitapparat, der die Regulierung des Wasser-
zulaufs verhinderte. Um derartige Störungen soweit wie
möglich zu verhindern, war vor jedem der vier Schütze
ein Einlaufrechen montiert.

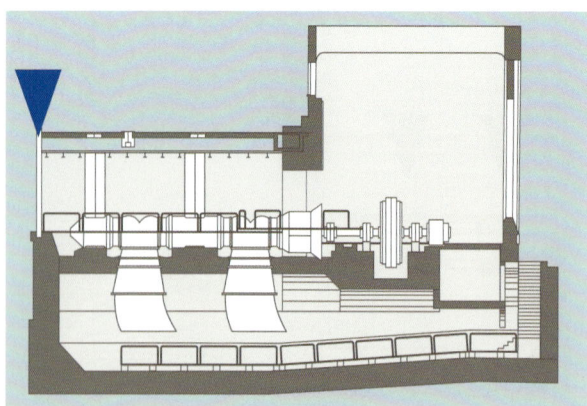

Die Auslaufkammer

Im zweigeschossigen hydraulischen Raum floss Wasser
aus zwei Fallrohren – trompetenförmigen Saugrohren –
aus der Turbinenkammer in die Auslaufkammer ab. Der
Sogeffekt trieb in Verbindung mit dem Wasserdruck vier
horizontale Francis-Doppelzwillingsturbinen mit einer
Schluckfähigkeit von jeweils etwas mehr als 20 Kubikmetern pro Sekunde an. Im Volllastbetrieb mit allen vier
Francis-Turbinen strömten ab 1911 also sekündlich etwa
80 Kubikmeter Wasser durch insgesamt acht Fallrohre
in die Betonbecken der vier Auslaufkammern. Diese
Wassermenge entspricht dem Fassungsvermögen von
ungefähr 400 bis 500 handelsüblichen Badewannen.

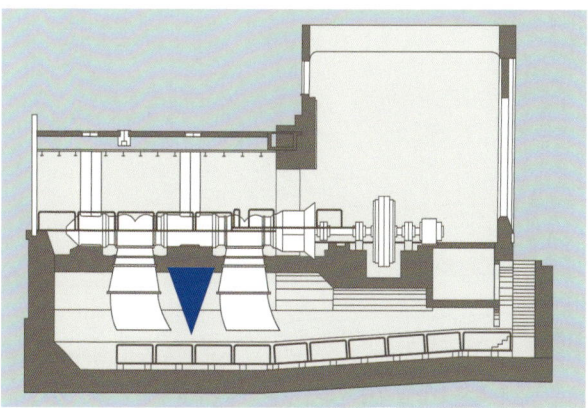

Teil einer Welterbe-Stätte

Drei historische Wasserkraftwerke

Das Wasserkraftwerk Gersthofen ist das älteste erhaltene Wasserkraftwerk der Region und ein Denkmal des Augsburger UNESCO-Welterbes.

Wasserkraftwerke der Lechwerke: Denkmäler eines UNESCO-Welterbes

Als 2010 im context verlag Augsburg die Idee geboren wurde, dass sich Augsburg mit seiner historischen Wasserwirtschaft um die Aufnahme in die Liste des UNESCO-Welterbes bewerben sollte, hatte das 2008 eingerichtete Lechmuseum Bayern im Wasserkraftwerk Langweid daran maßgeblichen Anteil. Das seinerzeit noch neue Museum behandelt neben anderen Aspekten auch etliche Themen, die das „Augsburger Wassermanagement-System" im Juli 2019 auf die Welterbe-Liste bringen sollten – Kanäle und Wasserkraftwerke, Trinkwasser und Brunnenkunst.

Unter den insgesamt 22 Denkmälern des „Augsburger Wassermanagement-Systems" sind zehn frühe Wasserkraftwerke – darunter auch die drei Wasserkraftwerke der Lechwerke AG in Gersthofen, Langweid und Meitingen. Diese drei Wasserkraftwerke liegen als einzige Denkmäler

*Ein Baumodell im Wasserkraftwerk Gersthofen
zeigt die ursprüngliche Anlage des Kraftwerks,
das bis 1901 noch mit einer Schifffahrts- und
einer Floßschleuse errichtet werden musste.*

des Augsburger UNESCO-Welterbes außerhalb der Stadtgrenzen im nördlichen Landkreis Augsburg. Doch diese
Wasserkraftwerke stellen technologisch den Schlusspunkt
der Wasserkraftnutzung bei Augsburg dar: Denn erstmals
wurden nicht mehr nur benachbarte Fabriken mit Strom
versorgt. Diese großen Kraftwerke versorgten jetzt auch
die Fläche: Die Region wurde erst durch sie elektrifiziert.

Auch der Treibwasserkanal der drei Kraftwerke sprengte
den damals üblichen Rahmen: Als 1898 mit dem Bau des
Lechkanals begonnen wurde, war die Nutzung der Wasserkraft zur Stromerzeugung nicht das alleinige Ziel dieses
Projekts. So sah der 1892 gegründete „Verein zur Hebung
der Fluß- und Kanalschiffart in Bayern" im Bauvorhaben
die Chance, parallel zum Fluss einen Schifffahrtskanal
zwischen Augsburg und der Donau entstehen zu lassen.
Deshalb wurde nördlich von Augsburg an der Westseite
des Lechmutterbetts ab 1898 der neue Kanal gegraben
und eingedeicht. Rund anderthalb Kilometer nach der

Der Blick in die Generatorenhalle des Wasserkraftwerks der Lechwerke in Gersthofen.

Nordspitze der Wolfzahnau entstand ein 80 Meter breites Wehr mit einem Kanaleinlaufwerk im Fluss. Das Querbauwerk staute Wasser in den 28,5 Meter breiten Kanal aus.

Der Nördliche Lechkanal war bis zum damaligen Auslaufwerk vier Kilometer lang und lieferte Treibwasser bis zum Wasserkraftwerk Gersthofen. Das Kraftwerk ging 1901 in Betrieb. Es war – abgesehen vom kleinen Kraftwerk in der Radaumühle in Göggingen im Jahr 1895 – das früheste Strom erzeugende Wasserkraftwerk in der Region Augsburg. Der weitgehend im originalen Zustand erhaltene Lechkanal ist längst ebenfalls ein industriearchäologisches Denkmal: Bis 1922 wurde der Treibwasserkanal noch zweimal – am Ende auf eine Länge von rund 18 Kilometern – bis zum Auslaufwerk östlich von Ostendorf ausgebaut.

1901 ging das Wasserkraftwerk Gersthofen als erstes großes Wasserkraftwerk in Bayern in Betrieb. Fünf Strom erzeugende Turbinen der Maschinenfabrik Augsburg dienten zunächst der Versorgung des angrenzenden Chemiewerks, der Filialfabrik Meister Lucius & Brüning (später ein

*Ein Historismusbau: die Dampfmaschinenhalle
auf dem Areal des Kraftwerks in Gersthofen.*

Betrieb der Farbwerke Hoechst AG). Darüber hinaus wurde
so viel Strom produziert, dass die Städte Friedberg und
Lechhausen sowie die Gemeinde Oberhausen (die beiden
Letzteren 1913 und 1911 nach Augsburg eingemeindet)

*1907 begann die Stromerzeugung im Wasser-
kraftwerk Langweid, einem Historismusbau.*

Die Auslaufkammer des zweigeschossigen hydraulischen Raums ist ein begehbares Technikdenkmal von 1907.

und das Industriedorf Gersthofen elektrifiziert werden konnten. Mit dem Wasserkraftwerk Gersthofen begann vor den Toren Augsburgs die Stromversorgung in der Fläche.

In der Turbinenkammer des Wasserkraftwerks Langweid – im Hintergrund das große Polrad.

Das große Polrad des von AEG konstruierten Generators ist Bestandteil der Technik aus der Entstehungszeit des Langweider Kraftwerks.

Architektonisch ist das Gersthofer Kraftwerk mit seiner schlossartigen Architektur ein „Kind" der Wilhelminischen Ära. Quer über dem Kanal entstand ein 80 Meter breiter Blankziegelbau im Stil des Historismus. Er wurde mit einer 8,6 Meter breiten Kammerschleuse mit fast zwei Metern Tiefgang (der heutige Leerschuss) geplant. Diese Schleuse benötigte man wegen der projektierten Kanalschifffahrt, und auch eine Floßgasse entstand. Zur Absicherung der Stromversorgung wurde hier 1904 ein Dampfkraftwerk errichtet. Vor dieser 1941 nochmals erweiterten Halle ist ein Turbinenrad von 1901 als Technikdenkmal zu sehen.

1905 erhielt die 1903 gegründete Lech-Elektrizitätswerke Aktien-Gesellschaft mit Sitz in Augsburg als Nachfolgerin der Elektrizitäts-Actien-Gesellschaft vormals W. Lahmeyer & Co. (EAG) die Konzession für den Betrieb: Der Nördliche Lechkanal wurde nun bis zum Wasserkraftwerk Langweid verlängert. Noch immer spielten Schifffahrt und Flößerei bei den Planungen für den im Staubereich bis zu 40 Meter breiten Lechkanal eine Rolle: Der 75 Meter lange Kraft-

*1922 ging das Wasserkraftwerk bei Meitingen,
heute Teil des UNESCO-Welterbes, in Betrieb.*

werksbau wurde in Langweid noch mit einer Floßschleuse
gebaut. Eine Schiffsschleuse wurde immerhin eingeplant
und durch die Bettungsarbeiten vorbereitet.

*Drei Francis-Doppelturbinen der Firma Voith
und drei AEG-Generatoren von 1922 produzieren bis heute im Kraftwerk Meitingen Strom.*

Unübersehbar Lechwerke: Die versalen Buchstaben „LEW" auf den von der AEG gelieferten Generatoren zeugen unübersehbar vom großen Stolz auf die seinerzeit hochmoderne Technik im damals jüngsten Wasserkraftwerk des Augsburger Unternehmens.

Hinter der Blankziegelfassade im Stil des Historismus erzeugten ab 1907 vier Francis-Turbinen der Maschinenfabrik Augsburg Strom. Das architektonisch abweichende östliche Turbinenhaus wurde in den 1930er Jahren im Stil der Neuen Sachlichkeit angebaut. Bis heute wird in dem Langweider Wasserkraftwerk Strom erzeugt. Technische Denkmäler von 1907 – das Polrad des Generators sowie die zweigeschossige begehbare Turbinenkammer – sind seit 2008 zentrale Exponate im Lechmuseum Bayern.

1922 ging das Wasserkraftwerk Meitingen als drittes und letztes Kanalkraftwerk der Lechwerke am Lech in Betrieb. Dieser Bau war 60 Meter breit und mit einer Fassade im Stil der Neuen Sachlichkeit errichtet worden. In Teilen noch original erhaltene Maschinensätze von 1922 – geliefert von AEG – erzeugen dort bis heute zuverlässig Strom. Das Wasserkraftwerk in Meitingen versorgte auch die benachbarte Fabrik der Siemens-Plania AG, die an diesem Standort energieintensiv Graphit produzierte. Dieses Wasserkraftwerk liegt bei Kanalkilometer 14,5.

Drei Kilometer weiter nördlich gibt der Kanal, der beinahe 18 Kilometer lang durch den Landkreis Augsburg verläuft, bei Ellgau alles Wasser über das Auslaufwerk an das Lechmutterbett zurück. Die Dämme, die diesen Kanal in ganzer Länge begleiten, sind heute artenreiche Lebensräume.

Amt für Grünordnung und Naturschutz der Stadt Augsburg (Hrsg.): Der Lech, Augsburger Ökologische Schriften, 1991.

Bayerisches Landesamt für Denkmalpflege (Hrsg.): Die Römer in Schwaben, 1985.

Bayerisches Landesamt für Wasserwirtschaft (Hrsg.): 100 Jahre Wasserbau am Lech zwischen Landsberg und Augsburg, 1984.

Bayerisches Staatsministerium für Landesentwicklung und Umweltfragen (Hrsg.): Hochwasserschutz bayerischer Städte, 1998.

Bayerisches Staatsministerium für Landesentwicklung und Umweltfragen (Hrsg.): Schützen und leben lassen! Geschützte Pflanzen, 1996.

Bayerisches Staatsministerium für Landesentwicklung und Umweltfragen (Hrsg.): Sehen und schätzen lernen. Naturnahe Biotope in Bayern, 1995.

Bayerische Wasserkraftwerke AG München (Hrsg.): Der Lech und der Lechausbau, 1988.

Andrea Biffi u.a.: Augsburg und die Wasserwirtschaft. Studien zur Nominierung für das UNESCO-Welterbe im internationalen Vergleich (Hrsg. Stadt Augsburg), 2017.

Bushart, Bruno; Paula, Georg: Georg Dehio. Handbuch der Deutschen Kunstdenkmäler, Bayern III: Schwaben, 1989.

Deutscher Verband für Landschaftspflege e.V. (Hrsg.): Lebensraum Lechtal zwischen Füssen und Hohenfurch, 2003.

Eyes on Energy: Wasserkraft. Themenheft 3, 03/06, 2006.

Filser, Karl: Flößerei auf Bayerns Flüssen, 1991.

Gamerith, Werner: Lechtal. Eine Landschaft erzählt ihre Geschichte, 1997.

Ganser, Karl: Industriekultur in Augsburg. Pioniere und Fabrikschlösser (Hrsg. Regio Augsburg Tourismus GmbH), 2010.

Grimminger, Hans L.: Bomben über Augsburg am 25./26. Februar 1944, in: Augsburger Blätter, 1982.

Grünsteudel, Günther; Hägele, Günter und Frankenberger, Rudolf: Augsburger Stadtlexikon, 1998.

Hagen, Bernt von; Wegener-Hüssen, Angelika: Denkmäler in Bayern. Stadt Augsburg. Ensembles, Baudenkmäler, Archäologische Denkmäler, 1994.

Häußler, Franz: Wasserkraft in Augsburg (Hrsg. Stadtwerke Augsburg Wasser GmbH), 2015.

Hiemeyer, Fritz: Königsbrunner und Kissinger Heide. Juwelen vor den Toren Augsburgs, 2006.

Hiemeyer, Fritz (Hrsg.): Flora von Augsburg, 1978.

Kluger, Martin: Welterbe Wasser. Augsburgs historische Wasserwirtschaft. Das UNESCO-Welterbe „Augsburger Wassermanagement-System", 2019.

Kluger, Martin: Wege zum Welterbe Wasserwirtschaft. Das UNESCO-Welterbe in Augsburg, 2019.

Kluger, Martin: Augsburgs historische Wasserwirtschaft. Der Weg zum UNESCO-Welterbe, 2015.

Kluger, Martin: Wasserbau und Wasserkraft, Trinkwasser und Brunnenkunst in Augsburg. Die historische Augsburger Wasserwirtschaft und ihre Denkmäler im europaweiten Vergleich (Hrsg. Kulturreferat der Stadt Augsburg), 2013.

Kluger, Martin: Wasserbau und Wasserkraft, Trinkwasser und Brunnenkunst in Augsburg. Interessenbekundung der Stadt Augsburg zur Aufnahme in die Liste des UNESCO-Welterbes (Tentative List Submission Format), 2012.

Kluger, Martin: Historische Wasserwirtschaft und Wasserkunst in Augsburg. Kanallandschaft, Wassertürme, Brunnenkunst und Wasserkraft (Hrsg. Stadt Augsburg), 2012.

König, Werner; Renn, Manfred: Kleiner Sprach-Atlas für Bayerisch-Schwaben, 2007.

Kraus, Otto: Staukraftwerke retten kranke Flußlandschaften. in: Orion. Zeitschrift für Natur und Technik, 12. Jg., 1957, S. 125-132.

Kraus, Otto: Vom Schicksal der Voralpenflüsse, in: Orion. Zeitschrift für Natur und Technik, 9. Jg., 1954, S. 225-233.

Landschaftspflegeverband Stadt Augsburg e.V. (Hrsg.): Bäche im Lebensraum Stadt, 2003.

Lech-Elektrizitätswerke Aktien-Gesellschaft Augsburg (Hrsg.): 50 Jahre LEW 1901-1951, 1951.

Lindenmeyer, Walter u.a.: Hundert Jahre Mech. Baumwoll-Spinnerei und Weberei Augsburg, 1937.

M.A.N. (Hrsg.): Katalog, 1925, S. 64/65, Historisches Archiv MAN Augsburg.

Miller, Franz; Reile, Robert: Der Lech und seine Abenteuer, 1986.

Nasemann, Peter: Der Lech im Gebirge. Lechkiesel erzählen eine geologische Heimatgeschichte, 2007.

Nasemann, Peter: Lebensraum Füssener Lech, 1994.

Naturwissenschaftlicher Verein für Schwaben e.V. (Hrsg.): Der Nördliche Lech. Lebensraum zwischen Augsburg und Donau, 2001.

Naturwissenschaftlicher Verein für Schwaben e.V. (Hrsg.): 150 Jahre Naturwissenschaftlicher Verein für Schwaben 1846-1996, 1996.

Pöhler, Frank: Der Stellenwert der Wasserkraftnutzung in Bayern – Potentiale und Hemmnisse eines weiteren Ausbaus, in: Dresdner Wasserbauliche Mitteilungen, 34. Dresdner Wasserbaukolloquium 2011, S. 29 – 40.

Pohl, Manfred: Bayerische Wasserkraftwerke AG (BAWAG), in: Historisches Lexikon Bayerns, https://www.historisches-lexikon-bayerns.de/Lexikon/Bayerische_Wasserkraftwerke_AG_(BAWAG), letzter Zugriff: 05.03.2020.

Roeck, Bernd: Elias Holl. Architekt einer europäischen Stadt, 1985.

Ruckdeschel, Wilhelm: Industriekultur in Augsburg. Denkmale der Technik und der Industrialisierung, 2004.

Salomon, Herbert: Die Entwicklung des Werkes Gersthofen der Farbwerke Hoechst AG, 1989.

Schönfelder, Peter; Bresinsky, Andreas (Hrsg.): Verbreitungsatlas der Farn- und Blütenpflanzen Bayerns, 1990.

Stadt Gersthofen (Hrsg.): Chronik der Stadt Gersthofen 969-1969, 1989.

Stadtwerke Augsburg (Hrsg.): Wasser-gestern, Wasser-heute, Wasser-morgen, 1989.

Wasserwirtschaftsamt Donauwörth (Hrsg.): Licca liber – der freie Lech, 2007.

Zettl, Rupert: Lechauf-lechab, 2001.

Bildnachweis

Titel: Martin Kluger (4),
Rücktitel: Martin Kluger (4)

Innenteil: Die Aufnahmen stammen von
Martin Kluger, mit Ausnahme folgender Fotos.

Christian Bammel: S. 159 (1/u.), 163, 207
Thomas Baumgartner: S. 18 (1/l.)
Bayerisches Hauptstaatsarchiv München:
S. 116/117, 152/153
Bayerisches Landesamt für
Denkmalpflege: S. 47
E.ON Wasserkraft GmbH Landshut:
S. 143 (1/u.), 146, 147, 148 (1/o.)
Füssen Tourismus/Städtische
Forggenseeschifffahrt: S. 97
Sammlung Hans Grimminger: S. 68 (1/o.)
Sammlung Franz Häußler: S. 85, 125,
126 (1/o.), 128
Andreas Hartl: S.31
IGS Industriepark Gersthofen: S. 127
Wolfgang B. Kleiner: S. 43, 56, 57, 70, 84,
92, 96, 98 (1/o.), 123 (1/o.), 126 (1/u.),
136, 157, 158, 161 (1/o.), 164, 172,
174 (1/u.), 175 (1/o.), 178, 182, 184,
185 (1/o,), 186, 190 (1/u.), 194, 209
Kulturamt Füssen: S. 83 (1/o.), 86 (1/o.)
Landesbund für Vogelschutz: Heinz Lutschak:
S. 34, Rudolf Schmidt: S. 36 (1/o.), Heinz
Tuschl: S. 36 (1/u.), Frank Derer: S. 37
Lechwerke AG: S. 122, 123 (1/m.), 124,
129, 130 (2), 132, 133 (2), 156, 170 (1/u.)
Lechwerke AG/Bernd Müller: S. 177
Manfred Lehnerl: S. 39 (9), 52 (1/o.),
81 (1/r.), 104, 151, 187
Museum Friedberg: S. 69, 94
Neues Stadtmuseum Landsberg: S. 105
Oberstdorf Tourismus GmbH: S. 38
Dr. Eberhard Pfeuffer: S. 17, 18 (1/r.),
20 (1/o.), 20 (1, r/u.), 23, 24, 25 (1/u.),
26, 27, 33, 173
Luisa Rauenbusch: S. 176, 180 (1/u.)
Stadtarchiv Füssen: S. 142
Stadtwerke Augsburg: S. 93
Ulrich Wagner/context verlag: S. 73 (1/u.)
Wasserwirtschaftsamt Donauwörth:
S. 154/155, 168, 174 (1/o.), 175 (1/u.)
Wikipedia: Florian Marchner: S. 20 (l./o.),
OhWeh: S.22, Christian Fischer: S. 30,
Estormiz: S. 32 (1/o.), Rosenzweig: S. 32
(1/u.), Quartl: S.35, Armatus1995: S. 144

Dank

Für fachliche Hinweise bei der
Aktualisierung dieser Auflage
danken wir u.a.

Jana Lösch (MAN-Archiv Augsburg),
Christian Bammel (LEW Wasserkraft
GmbH), Luisa Rauenbusch (Lech-
werke AG), Mark Krümpel (Wintershall
DEA AG), Robert Kugler (Natur-
wissenschaftlicher Verein für
Schwaben, Arbeitsgemeinschaft
Ornithologie), Prof. Robert Rapp

Impressum

Der Lech.
Landschaft. Natur. Geschichte.
Wirtschaft. Wasserkraft. Welterbe.
Der Fluss und das
Lechmuseum Bayern

Martin Kluger
context verlag Augsburg | Nürnberg
Herausgeber:
Lechwerke AG, Augsburg
ISBN 978-3-946917-20-5
1.Auflage, Juni 2020

Konzeption, Grafik und Produktion:
concret WA GmbH, Augsburg

Karten und Schemazeichnungen:
concret WA GmbH, Augsburg

Umschlaggestaltung:
Thomas Leberle

Bibliografische Information
der Deutschen Bibliothek

Die Deutsche Bibliothek verzeichnet
diese Publikation in der Deutschen
Nationalbibliografie, detaillierte
bibliografische Daten sind im
Internet über http://dnb.ddb.de
abrufbar.

ISBN 9978-3-946917-20-5
© context verlag Augsburg | Nürnberg
1. Auflage, Juni 2020
www.context-mv.de